JN126733

電卓計算
直前模試
目次

答案記入上の注意　－審査（採点）基準－

電卓計算能力検定試験の答案審査（採点）は、次の基準にしたがって行われます。下記をよく読み、正しい答案記入方法を身に付けましょう。

❶ 答案審査にあたって、次の各項に該当するものは無効とする。

(1) 1つの数字が他の数字に読めたり、数字が判読できないもの。
(2) 整数部分の4桁以上に3位ごとのカンマ「，」のないもの。
(3) 整数未満に小数点「．」のないもの。
(4) カンマ「，」や小数点「．」を上の方につけたり、区別のつかないもの。
(5) カンマ「，」や小数点「．」と数字が重なっていたり、数字と数字の間にないもの。
(6) 小数点「．」をマル「。」と書いたもの。
(7) 無名数の答に円「¥」等を書いてあるもの。
　ただし、名数のときは円「¥」等を書いても、書かなくても正解とする。
(8) 所定の欄に答を書いていないもの。ただし、欄外に訂正し、番号または矢印を添えてあるものは有効とする。
　所定欄：見取算・伝票算は枠で囲まれた部分、乗算・除算・複合算は等号「＝」より右側枠内。答が所定欄からはみ出したときは、その答の半分以内であれば有効とする。
(9) 答の一部を訂正したもの。（消しゴムで元の数字を完全に消して、書き改めたものは有効とする。）
(10) 所定の欄にあらかじめ印刷してある番号を訂正したり、入れ替えたりしたもの。
(11) 答を縦に書いてあったり、小数部分を小さく書いたり、2行以上に書いてあるもの。
(12) 所定の欄に2つ以上の答が書いてあるもの。

❷ 答案記入上の例示

(1) 数字の訂正

【表示部】

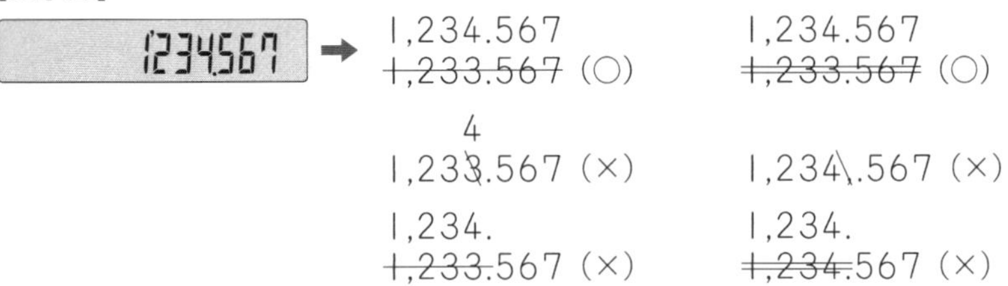

(2) 端数処理した答（小数第3位未満の端数を四捨五入）

【表示部】

0.3695 ➡ 0.370（○）　0.37（○）　.370（○）　.37（○）

【表示部】

2.3001 ➡ 2.300（○）　2.3（○）　2.30（×）

数字の練習

検定試験では制限時間があるため、答を少しでも速く書こうとするあまり、数字が汚くなりがちです。また、電卓ではカンマが数字の上方に表示されますが、正しくは数字の下方に記入しなければなりません。正しい数字の記入の仕方を身に付け、検定試験に臨みましょう。

● 下記の表示部を見て、記入欄A、Bに数字を記入しましょう。

- 記入欄Aに記入する際には、枠の中に収まるように記入しましょう。なお、枠の中の太い区切り線（｜）は、整数位を表しています。
- 記入欄Bに記入する際には、バランスを考えて丁寧に記入しましょう。カンマ・小数点は正しい位置に書きましょう。

	表示部	記入欄A	記入欄B
（例）	123'456'789.012	1 2 3 4 5 6 7 8 9｜0 1 2	123,456,789.012
		（億の位）（千万の位）（百万の位）（十万の位）（万の位）（千の位）（百の位）（十の位）（一の位）（小数一位）（小数二位）（小数三位）	・カンマは数字の下側に、左向きに書くこと。 ・小数点はカンマと見分けられるように書くこと。
1	123'456'789'012.（この点は書かないこと。）		
2	123'456'789'012.		
3	123'456'789.012		
4	123'456.789012		

●「1」と「7」の練習

	表示部	記入欄A	記入欄B
5	111'777'111'777.		
6	777'111'777'111.		
7	171'717'171'717.		

●「6」と「0」の練習

	表示部	記入欄A	記入欄B
8	666'000'666'000.		
9	0.60606060606		
10	606'060'606'060.		

ISBN978-4-88327-773-5
C1034 ¥800E

EIKOSHA

定価　880円（税抜価格800円）

全経・電卓計算能力検定試験準拠　電卓計算2級　直前模試　経理教育研究会編　英光社

公益社団法人全国経理教育協会主催／文部科学省後援
電卓計算能力検定試験準拠

電卓計算 直前模試

2級 本試験形式

経理教育研究会編

本書の特長

1. **良質の模擬問題**
   過去出題問題を徹底的に分析し、15回分の模擬問題を作問いたしました。
   出題傾向に基づいて偏りなく作問しており、どの問題も本試験と同等のクオリティです。
2. **本試験と同一形式**
   本試験と同一形式のプリントですので、本番に臨む心構えを養うことができます。
3. **わかりやすい解説付き**
   乗算・除算・複合算の計算順序を、わかりやすく解説しています。また、答案記入上の注意とともに、数字の練習ページも設けています。
4. **伝票算付き**
   本書に添付の伝票算は、両面に問題を印刷していますので、左手でも右手でもめくることができます。
   ページをずらして使用することにより、1冊で15回分の練習ができるようになっています。
   （本試験とは体裁が異なりますが、学習者の利便性を考慮した上での体裁とご理解ください。）

EIKOSHA

[編者紹介]

経理教育研究会

商業科目専門の執筆・編集ユニット。
英光社発行のテキスト・問題集の多くを手がけている。
メンバーは固定ではなく、開発内容に応じて専門性の
高いメンバーが参加する。

電卓計算2級直前模試

2023年4月15日　発行

編　者　経理教育研究会
発行所　株式会社 英光社
〒176-0012　東京都練馬区豊玉北1-9-1
TEL 050-3816-9443
振替口座 00180-6-149242
https://eikosha.net

ISBN 978-4-88327-773-5 C1034

本書の内容に誤りが見つかった場合は、
ホームページにて正誤表を公開いたします。
https://eikosha.net/seigo

本書の内容に不審な点がある場合は、下記よりお問合せください。
https://eikosha.net/contact
FAX 03-5946-6945
※お電話でのお問合せはご遠慮ください。

落丁・乱丁本はお取り替えいたします。
上記contactよりお問合せください。

シャープ製電卓の解説

乗算・除算

❶ 乗算・除算の概略

(1) 解答欄

乗算・除算は上段と下段に分かれており、それぞれ33箇所ずつ、合計66箇所の解答欄があります。検定試験では、66箇所の解答欄のうち、上下段10箇所ずつ、計20箇所だけが採点の対象となります。右ページの計算例において、●が採点箇所です。なお、採点箇所は発表されません。

(2) 名数と無名数

上段は無名数、下段は名数の問題です。無名数とは単位のない数、名数とは単位（電卓検定では“¥”）のある数のことです。

(3) 小計と合計

小計：問1～問5を累算して小計①を求めます。GTスイッチをGT位置にしておくと、[=]キー（および[%]キー）で求めた計算結果が自動的にGTメモリーに累算されます。小計②についても同様です。

合計：小計と小計を足して合計を求めます。合計は独立メモリーを使用して求めます。GTメモリーで小計を求めたら、すぐさま[M+]を押し、独立メモリーに入力します。独立メモリー内の数値（すなわち合計の値）は[RM]により表示できます。

(4) パーセント（構成比率）

パーセントは左右2列あります。左列の上部が小計①に対するパーセント、下部が小計②に対するパーセント、右列が合計に対するパーセントです。

パーセントは、「乗算の答÷小計（もしくは合計）×100」で求められます。「÷小計（もしくは合計）×100」の計算は5ないし10回連続しての計算となりますので、「定数計算機能」を活用すると、キー操作が省略できます。右ページのキー操作にて確認してください。

(5) 端数処理

端数処理はすべて「四捨五入」です。乗算で小数第4位未満、パーセントで小数第2位未満に端数のあるときは四捨五入します。ラウンドスイッチの設定を「四捨五入」にあわせておくと、[=]キーなどを押したときに端数処理が実行されます。計算の途中でタブスイッチ（小数部桁数指定スイッチ）の切替えを忘れないように注意しましょう。

F 5 4 3 2 1 0 A　↑5/4↓
タブスイッチ　ラウンドスイッチ

❷ 計算順序

右ページをご覧ください。乗算・除算とも計算の順序は同じですので、ここでは乗算の上段を例に説明します。計算の順序は、（ア）～（ム）の通りです。

❸ 計算上の注意

(1) 小計を求めたら、すぐにその値を独立メモリーに入力しましょう。

(2) タブスイッチの切替えのタイミングを確認しておきましょう。

(3) パーセント計算は逆数計算や定数計算機能を活用しましょう。

(4) パーセント計算の際に読み取りやすいように、解答をきれいに記入しましょう。

計算例とキー操作

No.								
1	2, 683	×	714	=	(ア)	1, 915, 662	(キ) ● 12. 50%	(ネ) 12. 50%
2	5, 046	×	859	=	(イ) ●	4, 334, 514	(ク) 28. 28%	(ノ) 28. 28%
3	1, 350	×	962	=	(ウ)	1, 298, 700	(ケ) 8. 47%	(ハ) ● 8. 47%
4	729	×	6, 085	=	(エ)	4, 435, 965	(コ) 28. 94%	(ヒ) ● 28. 94%
5	8, 237	×	406	=	(オ) ●	3, 344, 222	(サ) 21. 82%	(フ) 21. 82%
No. 1～No. 5 小計 ①					(カ)	15, 329, 063	100 %	
6	0. 0915	×	74. 3	=	(シ)	6. 7985	(ツ) ● 19. 17%	(ヘ) 0. 00%
7	6. 702	×	1. 98	=	(ス) ●	13. 2700	(テ) 37. 41%	(ホ) 0. 00%
8	1. 564	×	0. 237	=	(セ)	0. 3707	(ト) 1. 05%	(マ) 0. 00%
9	0. 3498	×	0. 051	=	(ソ) ●	0. 0178	(ナ) 0. 05%	(ミ) 0. 00%
10	4. 971	×	3. 02	=	(タ)	15. 0124	(ニ) ● 42. 32%	(ム) 0. 00%
No. 6～No. 10 小計 ②					(チ)	35. 4694	100 %	
（小計 ①＋②）合計					(ヌ) ●	15, 329, 098. 4694		100 %

No.	キー操作	表示	
1.	F 5 4 3 2 1 0 A　↑5/4↓		
2.	[CA]	0.	
3.	2 6 8 3 × 7 1 4 =	1'915'662. G	(ア)
4.	5 0 4 6 × 8 5 9 =	4'334'514. G	(イ)
5.	1 3 5 0 × 9 6 2 =	1'298'700. G	(ウ)
6.	7 2 9 × 6 0 8 5 =	4'435'965. G	(エ)
7.	8 2 3 7 × 4 0 6 =	3'344'222. G	(オ)
8.	[GT]	15'329'063. G	(カ)
9.	[M+]	15'329'063. MG	
10.	[GT] [GT]	15'329'063. M	
11.	F 5 4 3 2 1 0 A　↑5/4↓		
12.	÷ =	0.00 M	
13.	1 9 1 5 6 6 2 %	12.50 MG	(キ)
14.	4 3 3 4 5 1 4 %	28.28 MG	(ク)
15.	1 2 9 8 7 00 %	8.47 MG	(ケ)
16.	4 4 3 5 9 6 5 %	28.94 MG	(コ)
17.	3 3 4 4 2 2 2 %	21.82 MG	(サ)
18.	[GT] [GT]	100.01 M	
19.	F 5 4 3 2 1 0 A　↑5/4↓		
20.	・ 0 9 1 5 × 7 4 ・ 3 =	6.7985 MG	(シ)
21.	6 ・ 7 0 2 × 1 ・ 9 8 =	13.2700 MG	(ス)
22.	1 ・ 5 6 4 × ・ 2 3 7 =	0.3707 MG	(セ)
23.	・ 3 4 9 8 × ・ 0 5 1 =	0.0178 MG	(ソ)
24.	4 ・ 9 7 1 × 3 ・ 0 2 =	15.0124 MG	(タ)
25.	[GT]	35.4694 MG	(チ)
26.	[M+]	35.4694 MG	
27.	F 5 4 3 2 1 0 A　↑5/4↓		
28.	[GT] [GT]	35.4694 M	
29.	÷ =	0.03 MG	
30.	6 ・ 7 9 8 5 %	19.17 MG	(ツ)
31.	1 3 ・ 2 7 %	37.41 MG	(テ)
32.	・ 3 7 0 7 %	1.05 MG	(ト)
33.	・ 0 1 7 8 %	0.05 MG	(ナ)
34.	1 5 ・ 0 1 2 4 %	42.32 MG	(ニ)
35.	[GT] [GT]	100.03 M	
36.	[RM]	15'329'098.4694 M	(ヌ)
37.	÷ =	0.00 M	
38.	1 9 1 5 6 6 2 %	12.50 MG	(ネ)
39.	4 3 3 4 5 1 4 %	28.28 MG	(ノ)
40.	1 2 9 8 7 00 %	8.47 MG	(ハ)
41.	4 4 3 5 9 6 5 %	28.94 MG	(ヒ)
42.	3 3 4 4 2 2 2 %	21.82 MG	(フ)
43.	6 ・ 7 9 8 5 %	0.00 MG	(ヘ)
44.	1 3 ・ 2 7 %	0.00 MG	(ホ)
45.	・ 3 7 0 7 %	0.00 MG	(マ)
46.	・ 0 1 7 8 %	0.00 MG	(ミ)
47.	1 5 ・ 0 1 2 4 %	0.00 MG	(ム)
48.	[GT]	100.01 MG	

複合算

❶ 複合算の概略

複合算は、加減乗除（＋－×÷）の計算を、計算の規則に従い、電卓の機能を活用しながら順序立てて進めて行くことが求められます。計算規則とは次の通りです。

【1】乗算（×）、除算（÷）を優先する。

例1 $2\times3+56\div7=$

先に乗算・除算を計算し、次に両方の値を足し算します。

[1] 2×3=6
[2] 56÷7=8
[3] 6+8=14

【練習1】$4\times8+9\div3=$
【練習2】$12\div2+5\times7=$
【練習3】$12\times3-24\div6=$

【2】（　）内の計算を優先する。

例2 $(18-9)\times(23-15)=$

先に（　）内を計算し、次に両方の答を掛け算します。

[1] 18−9=9
[2] 23−15=8
[3] 9×8=72

【練習4】$(11-4)\times(1+6)=$
【練習5】$(4+2)\times(15-12)=$
【練習6】$(17+7)\times(18-9)=$

【3】端数処理は、1計算ごとに行う。（整数未満を切捨てる）

例3 $(13\div6)\times(78\div5)=$

先に（　）内を計算し、整数未満の端数を切捨てます。次に両方の答を掛け算します。

[1] 13÷6=2.1666…→2
[2] 78÷5=15.6→15
[3] 2×15=30

【練習7】$15\div7+6\times8=$
【練習8】$(11\times4)\div(52\div9)=$
【練習9】$(27\div8)\times(19\div3)=$

❷ 電卓で計算する場合のキー操作

電卓で計算する場合には、次のキー操作により答が求められます。

【1】左右の計算の答を足し算または引き算するときは、独立メモリー内で行う。

例4 $4,809\times562+492,534\div9,121=$

左右の乗算の答をそれぞれ独立メモリーにプラスで入力することにより、独立メモリー内で足し算されます。独立メモリー内の数値はRMで呼び出します。

[1] 4 8 0 9 × 5 6 2 M+
[2] 4 9 2 5 3 4 ÷ 9 1 2 1 M+
[3] RM（答 2,702,712）

【練習10】$1,673\times421+1,766,373\div4,893=$
【練習11】$16,349,208\div632+298\times2,751=$
【練習12】$(9.16+30.84)+5,713\times264=$

例5 $7,546,931\div47-321\times64=$

左の除算の答を独立メモリーにプラスで入力し、右の乗算の答を独立メモリーにマイナスで入力することにより、独立メモリー内で引き算が行えます。

[1] 7 5 4 6 9 3 1 ÷ 4 7 M+
[2] 3 2 1 × 6 4 M−
[3] RM（答 140,029）

【練習13】$2,337,310\div94-56\times273=$
【練習14】$357\times5,816-406.2\times805=$
【練習15】$2,584,545\div53-2,551,120\div715=$

【2】中央の計算が乗算のときは、左の計算の答を独立メモリーに入力する。

例6 $360-197\times7,018-632=$

左の引き算の答を独立メモリーに入力し、右の引き算の答を求めて乗算する際に、RMで呼び出し掛け算します。

[1] 3 6 0 − 1 9 7 M+
[2] 7 0 1 8 − 6 3 2 ＝
[3] × RM ＝（答 1,040,918）

【練習16】$(410.7+628.3)\times(528+7,801)=$
【練習17】$(8,142-7,631)\times(792\times40.5)=$
【練習18】$(312.5+69.5)\times(59,014-2,096)=$

【3】中央の計算が除算のときは、左の計算の答を独立メモリーに入力し、逆数計算を行う。

例7 $(297\times567)\div(21,141\div783)=$

左の乗算の答を独立メモリーに入力し、右の除算の答を求めた後に逆数計算（÷＝）を行います。（逆数計算とは電卓で行う分数計算のことです。）

[1] 2 9 7 × 5 6 7 M+
[2] 2 1 1 4 1 ÷ 7 8 3 ＝
[3] ÷ ＝ RM ＝（答 6,237）

【練習19】$(331,978+81,032)\div(61.3+28.7)=$
【練習20】$(318,966+61,908)\div(601-87)=$
【練習21】$(390,278,451\div63)\div(109\times31)=$

【4】端数処理は、M+ M− ＝のいずれかを押した場合に実行される。

例8 $4,809\times56.2+49,253.4\div9,121=$

下記の手順では、独立メモリー内で左右の計算の答を足し算するために、[1] [2] ともM+を押しているので、端数処理が実行されています。（2級は整数未満切捨てですので、計算前に、タブスイッチを"0"、ラウンドスイッチを"切捨て"にセットすることを忘れないようにしましょう。）

[1] 4 8 0 9 × 5 6 ・ 2 M+
[2] 4 9 2 5 3 ・ 4 ÷ 9 1 2 1 M+
[3] RM（答 270,270）

【練習22】$193.2\times604+2,824,873\div4,185=$
【練習23】$2,043\times71.5+244,675.2\div5,296=$
【練習24】$1,704,746\div53-1,810\div2.97=$

例9 $(35,081.4\div7.9)\times(371,604\div591.3)=$

下記の[1]では独立メモリーに入力するためにM+を押しているので端数処理が実行され、[2]では計算の末尾で＝を押しているので端数処理が実行されます。

[1] 3 5 0 8 1 ・ 4 ÷ 7 ・ 9 M+
[2] 3 7 1 6 0 4 ÷ 5 9 1 ・ 3 ＝
[3] × RM ＝（答 2,788,320）

【練習25】$(167.5-89.3)\times(39.2-28.6)=$
【練習26】$(48,333.6+5,927.1)\div(482.9-153)=$
【練習27】$(3,907\times42.6)\div(16.3\times49)=$

※［練習］の解答は、12ページに掲載してあります。

カシオ製電卓の解説

乗算・除算

❶ 乗算・除算の概略

(1) 解答欄

乗算・除算は上段と下段に分かれており、それぞれ33箇所ずつ、合計66箇所の解答欄があります。検定試験では、66箇所の解答欄のうち、上下段10箇所ずつ、計20箇所だけが採点の対象となります。右ページの計算例において、●が採点箇所です。なお、採点箇所は発表されません。

(2) 名数と無名数

上段は無名数、下段は名数の問題です。無名数とは単位のない数、名数とは単位（電卓検定では"¥"）のある数のことです。

(3) 小計と合計

小計：問1～問5を累算して小計①を求めます。=キーで求めた計算結果が自動的にGTメモリーに累算されますので、問5を求めた後GTキーで呼び出します。小計②についても同様です。

合計：小計と小計を足して合計を求めます。合計は独立メモリーを使用して求めます。GTメモリーで小計を求めたら、すぐさまM+を押し、独立メモリーに入力します。独立メモリー内の数値（すなわち合計の値）はMRにより表示できます。

(4) パーセント（構成比率）

パーセントは左右2列あります。左列の上部が小計①に対するパーセント、下部が小計②に対するパーセント、右列が合計に対するパーセントです。

パーセントは、「乗算の答÷小計（もしくは合計）×100」で求められます。「÷小計（もしくは合計）×100」の計算は5ないし10回連続しての計算となりますので、「定数計算機能」を活用すると、キー操作が省略できます。右ページのキー操作にて確認してください。

(5) 端数処理

端数処理はすべて「四捨五入」です。乗算で小数第4位未満、パーセントで小数第2位未満に端数のあるときは四捨五入します。ラウンドスイッチの設定を「四捨五入」にあわせておくと、=キーなどを押したときに端数処理が実行されます。計算の途中でタブスイッチ（小数部桁数指定スイッチ）の切替えを忘れないように注意しましょう。

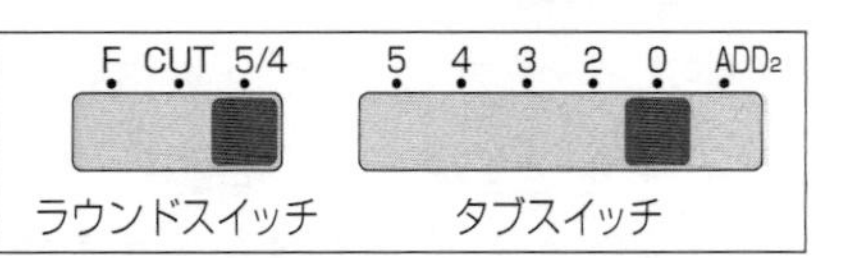

❷ 計算順序

右ページをご覧ください。乗算・除算とも計算の順序は同じですので、ここでは乗算の上段を例に説明します。計算の順序は、(ア)～(ム)の通りです。

❸ 計算上の注意

(1) 小計を求めたら、すぐにその値を独立メモリーに入力しましょう。

(2) タブスイッチの切替えのタイミングを確認しておきましょう。

(3) パーセント計算は定数計算機能を活用しましょう。

(4) パーセント計算の際に読み取りやすいように、解答をきれいに記入しましょう。

計算例とキー操作

No.						答	パーセント	パーセント
1	2,683	×	714	=	(ア)	1,915,662	(キ) ● 12.50%	(ネ) 12.50%
2	5,046	×	859	=	(イ) ●	4,334,514	(ク) 28.28%	(ノ) 28.28%
3	1,350	×	962	=	(ウ)	1,298,700	(ケ) 8.47%	(ハ) ● 8.47%
4	729	×	6,085	=	(エ)	4,435,965	(コ) 28.94%	(ヒ) ● 28.94%
5	8,237	×	406	=	(オ) ●	3,344,222	(サ) 21.82%	(フ) 21.82%
	No.1～No.5 小計 ①				(カ)	15,329,063	100 %	
6	0.0915	×	74.3	=	(シ)	6.7985	(ツ) ● 19.17%	(ヘ) 0.00%
7	6.702	×	1.98	=	(ス) ●	13.2700	(テ) 37.41%	(ホ) 0.00%
8	1.564	×	0.237	=	(セ)	0.3707	(ト) 1.05%	(マ) 0.00%
9	0.3498	×	0.051	=	(ソ) ●	0.0178	(ナ) 0.05%	(ミ) 0.00%
10	4.971	×	3.02	=	(タ)	15.0124	(ニ) ● 42.32%	(ム) 0.00%
	No.6～No.10 小計 ②				(チ)	35.4694	100 %	
	(小計 ①＋②) 合計				(ヌ) ●	15,329,098.4694		100 %

1. F CUT 5/4　5 4 3 2 0 ADD2
2. AC MC　→　0.
3. 2 6 8 3 × 7 1 4 =　→　1,915,662.　(ア)
4. 5 0 4 6 × 8 5 9 =　→　4,334,514.　(イ)
5. 1 3 5 0 × 9 6 2 =　→　1,298,700.　(ウ)
6. 7 2 9 × 6 0 8 5 =　→　4,435,965.　(エ)
7. 8 2 3 7 × 4 0 6 =　→　3,344,222.　(オ)
8. GT　→　15,329,063.　(カ)
9. M+　→　15,329,063.
10. F CUT 5/4　5 4 3 2 0 ADD2
11. ÷ ÷　→　15,329,063.
12. 1 9 1 5 6 6 2 %　→　12.50　(キ)
13. 4 3 3 4 5 1 4 %　→　28.28　(ク)
14. 1 2 9 8 7 00 %　→　8.47　(ケ)
15. 4 4 3 5 9 6 5 %　→　28.94　(コ)
16. 3 3 4 4 2 2 2 %　→　21.82　(サ)
17. F CUT 5/4　5 4 3 2 0 ADD2
18. AC　→　0.
19. ・ 0 9 1 5 × 7 4 ・ 3 =　→　6.7985　(シ)
20. 6 ・ 7 0 2 × 1 ・ 9 8 =　→　13.2700　(ス)
21. 1 ・ 5 6 4 × ・ 2 3 7 =　→　0.3707　(セ)
22. ・ 3 4 9 8 × ・ 0 5 1 =　→　0.0178　(ソ)
23. 4 ・ 9 7 1 × 3 ・ 0 2 =　→　15.0124　(タ)
24. GT　→　35.4694　(チ)
25. M+　→　35.4694
26. F CUT 5/4　5 4 3 2 0 ADD2
27. ÷ ÷　→　35.4694
28. 6 ・ 7 9 8 5 %　→　19.17　(ツ)
29. 1 3 ・ 2 7 %　→　37.41　(テ)
30. ・ 3 7 0 7 %　→　1.05　(ト)
31. ・ 0 1 7 8 %　→　0.05　(ナ)
32. 1 5 ・ 0 1 2 4 %　→　42.32　(ニ)
33. MR　→　15,329,098.4694　(ヌ)
34. ÷ ÷　→　15,329,098.4694
35. 1 9 1 5 6 6 2 %　→　12.50　(ネ)
36. 4 3 3 4 5 1 4 %　→　28.28　(ノ)
37. 1 2 9 8 7 00 %　→　8.47　(ハ)
38. 4 4 3 5 9 6 5 %　→　28.94　(ヒ)
39. 3 3 4 4 2 2 2 %　→　21.82　(フ)
40. 6 ・ 7 9 8 5 %　→　0.00　(ヘ)
41. 1 3 ・ 2 7 %　→　0.00　(ホ)
42. ・ 3 7 0 7 %　→　0.00　(マ)
43. ・ 0 1 7 8 %　→　0.00　(ミ)
44. 1 5 ・ 0 1 2 4 %　→　0.00　(ム)

複合算

❶ 複合算の概略

複合算は、加減乗除（＋－×÷）の計算を、計算の規則に従い、電卓の機能を活用しながら順序立てて進めて行くことが求められます。計算規則とは次の通りです。

【1】乗算（×）、除算（÷）を優先する。

例1　2 × 3 ＋ 56 ÷ 7 ＝

先に乗算・除算を計算し、次に両方の値を足し算します。

[1] 2×3=6
[2] 56÷7=8
[3] 6+8=14

[練習1] 4 × 8 ＋ 9 ÷ 3 ＝
[練習2] 12 ÷ 2 ＋ 5 × 7 ＝
[練習3] 12 × 3 － 24 ÷ 6 ＝

【2】（　）内の計算を優先する。

例2　(18 － 9) × (23 － 15) ＝

先に（　）内を計算し、次に両方の答を掛け算します。

[1] 18−9=9
[2] 23−15=8
[3] 9×8=72

[練習4] (11 － 4) × (1 ＋ 6) ＝
[練習5] (4 ＋ 2) × (15 － 12) ＝
[練習6] (17 ＋ 7) × (18 － 9) ＝

【3】端数処理は、1計算ごとに行う。（整数未満を切捨てる）

例3　(13 ÷ 6) × (78 ÷ 5) ＝

先に（　）内を計算し、整数未満の端数を切捨てます。次に両方の答を掛け算します。

[1] 13÷6=2.1666… →2
[2] 78÷5=15.6 →15
[3] 2×15=30

[練習7] 15 ÷ 7 ＋ 6 × 8 ＝
[練習8] (11 × 4) ÷ (52 ÷ 9) ＝
[練習9] (27 ÷ 8) × (19 ÷ 3) ＝

❷ 電卓で計算する場合のキー操作

電卓で計算する場合には、次のキー操作により答が求められます。

【1】左右の計算の答を足し算または引き算するときは、独立メモリー内で行う。

例4　4, 809 × 562 ＋ 492, 534 ÷ 9, 121 ＝

左右の乗算の答をそれぞれ独立メモリーにプラスで入力することにより、独立メモリー内で足し算されます。独立メモリー内の数値は MR で呼び出します。

[1] 4 8 0 9 × 5 6 2 M+
[2] 4 9 2 5 3 4 ÷ 9 1 2 1 M+
[3] MR（答 2,702,712）

[練習10] 1, 673 × 421 ＋ 1, 766, 373 ÷ 4, 893 ＝
[練習11] 16, 349, 208 ÷ 632 ＋ 298 × 2, 751 ＝
[練習12] (9. 16 ＋ 30. 84) ＋ 5, 713 × 264 ＝

例5　7, 546, 931 ÷ 47 － 321 × 64 ＝

左の除算の答を独立メモリーにプラスで入力し、右の乗算の答を独立メモリーにマイナスで入力することにより、独立メモリー内で引き算が行えます。

[1] 7 5 4 6 9 3 1 ÷ 4 7 M+
[2] 3 2 1 × 6 4 M−
[3] MR（答 140,029）

[練習13] 2, 337, 310 ÷ 94 － 56 × 273 ＝
[練習14] 357 × 5, 816 － 406. 2 × 805 ＝
[練習15] 2, 584, 545 ÷ 53 － 2, 551, 120 ÷ 715 ＝

【2】中央の計算が乗算のときは、左の計算の答を独立メモリーに入力する。

例6　360 － 197 × 7, 018 － 632 ＝

左の引き算の答を独立メモリーに入力し、右の引き算の答を求めて乗算する際に、MR で呼び出し掛け算します。

[1] 3 6 0 − 1 9 7 M+
[2] 7 0 1 8 − 6 3 2 ＝
[3] × MR ＝（答 1,040,918）

[練習16] (410. 7 ＋ 628. 3) × (528 ＋ 7, 801) ＝
[練習17] (8, 142 － 7, 631) × (792 × 40. 5) ＝
[練習18] (312. 5 ＋ 69. 5) × (59, 014 － 2, 096) ＝

【3】中央の計算が除算のときは、左の計算の答を独立メモリーに入力し、定数計算を行う。

例7　(297 × 567) ÷ (21, 141 ÷ 783) ＝

左の乗算の答を独立メモリーに入力し、右の除算の答を求めた後に定数計算（÷ ÷）を行います。

[1] 2 9 7 × 5 6 7 M+
[2] 2 1 1 4 1 ÷ 7 8 3 ＝
[3] ÷ ÷ MR ＝（答 6,237）

[練習19] (331, 978 ＋ 81, 032) ÷ (61. 3 ＋ 28. 7) ＝
[練習20] (318, 966 ＋ 61, 908) ÷ (601 － 87) ＝
[練習21] (390, 278, 451 ÷ 63) ÷ (109 × 31) ＝

【4】端数処理は、M+ M− ＝ のいずれかを押した場合に実行される。

例8　4, 809 × 56. 2 ＋ 49, 253. 4 ÷ 9, 121 ＝

下記の手順では、独立メモリー内で左右の計算の答を足し算するために、[1] [2] とも M+ を押しているので、端数処理が実行されています。（2級は整数未満切捨てですので、計算前に、タブスイッチを"0"、ラウンドスイッチを"CUT"にセットすることを忘れないようにしましょう。）

[1] 4 8 0 9 × 5 6 · 2 M+
[2] 4 9 2 5 3 · 4 ÷ 9 1 2 1 M+
[3] MR（答 270,270）

[練習22] 193. 2 × 604 ＋ 2, 824, 873 ÷ 4, 185 ＝
[練習23] 2, 043 × 71. 5 ＋ 244, 675. 2 ÷ 5, 296 ＝
[練習24] 1, 704, 746 ÷ 53 － 1, 810 ÷ 2. 97 ＝

例9　(35, 081. 4 ÷ 7. 9) × (371, 604 ÷ 591. 3) ＝

下記の [1] では独立メモリーに入力するために M+ を押しているので端数処理が実行され、[2] では計算の末尾で ＝ を押しているので端数処理が実行されます。

[1] 3 5 0 8 1 · 4 ÷ 7 · 9 M+
[2] 3 7 1 6 0 4 ÷ 5 9 1 · 3 ＝
[3] × MR ＝（答 2,788,320）

[練習25] (167. 5 － 89. 3) × (39. 2 － 28. 6) ＝
[練習26] (48, 333. 6 ＋ 5, 927. 1) ÷ (482. 9 － 153) ＝
[練習27] (3, 907 × 42. 6) ÷ (16. 3 × 49) ＝

※ [練習] の解答は、12ページに掲載してあります。

伝票算

❶ 伝票算の概略

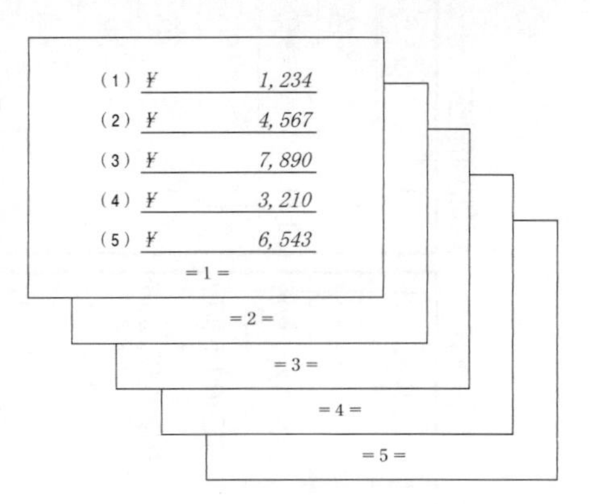

伝票算は、15ページに渡って紙片に印字されている数字を、ページをめくりながら足し算していく科目です。第1問は(1)の数字だけ、第2問は(2)の数字だけ…第5問は(5)の数字だけを15ページ分足し算します。

❷ 検定試験で使用する伝票算

検定試験で使用する伝票算は、第1問から第5問が1ページから15ページ、第6問から第10問が16ページから30ページです。そして15ページと16ページの間に間紙(あいし)が入っています。

❸ 本書に添付の伝票算

- 本書に添付の伝票算は両面に問題を印刷していますので、左手でも右手でもめくることができます。
- 下表のように、ページをずらして使用することにより、1冊で15回分の練習ができるようになっています。そのため、(6)~(10)に相当するページにも、(1)~(5)という番号が印字してありますので、ご使用の際には注意してください。

回数	第1回	第2回	第3回	第4回	第5回	第6回	第7回	第8回		第12回	第13回	第14回	第15回
(1)~(5)	1ページ~15ページ	2ページ~16ページ	3ページ~17ページ	4ページ~18ページ	5ページ~19ページ	6ページ~20ページ	7ページ~21ページ	8ページ~22ページ		12ページ~26ページ	13ページ~27ページ	14ページ~28ページ	15ページ~29ページ
(6)~(10)	16ページ~30ページ	17ページ~31ページ	18ページ~32ページ	19ページ~33ページ	20ページ~34ページ	21ページ~35ページ	22ページ~36ページ	23ページ~37ページ		27ページ~41ページ	28ページ~42ページ	29ページ~43ページ	30ページ~44ページ

(回数ごとのページ分けについては、伝票算の前書き3ページ目の「ページ分け一覧表」をご参照ください。)

❹ 伝票ホルダー(別売)

伝票算を固定する器具「伝票ホルダー」は、ゴム製のマットにクリップがついており、伝票を机上にしっかりと固定することができます。また、表紙や計算済みのページをストッパーに固定しておけますので、非常にめくりやすく計算しやすくなります。

複合算[練習]の解答

[練習1] *35*
[練習2] *41*
[練習3] *32*
[練習4] *49*
[練習5] *18*
[練習6] *216*
[練習7] *50*
[練習8] *8*
[練習9] *18*
[練習10] *704, 694*
[練習11] *845, 667*
[練習12] *1, 508, 272*
[練習13] *9, 577*
[練習14] *1, 749, 321*
[練習15] *45, 197*
[練習16] *8, 653, 831*
[練習17] *16, 390, 836*
[練習18] *21, 742, 676*
[練習19] *4, 589*
[練習20] *741*
[練習21] *1, 833*
[練習22] *117, 366*
[練習23] *146, 120*
[練習24] *31, 556*
[練習25] *780*
[練習26] *164*
[練習27] *208*

第1回

■1種目100点を満点とし、各種目とも得点70点以上を合格とする。
■乗算・除算は解答表の●印のついた箇所（1箇所5点、各20箇所）だけを採点する。

乗算解答（●印1箇所5点×20箇所）

No.		答	構成比	構成比
1		405, 778, 320	21. 97%	●21. 97%
2		651, 365, 310	●35. 27%	35. 27%
3		●31, 716, 514	1. 72%	1. 72%
4		98, 191, 002	5. 32%	●5. 32%
5		●659, 632, 347	35. 72%	35. 72%
小計①=		1, 846, 683, 493	100 %	
6		549. 4333	4. 20%	0. 00%
7		●0. 0274	0. 00%	0. 00%
8		23. 9931	●0. 18%	0. 00%
9		●64. 5281	0. 49%	0. 00%
10		12, 437. 0792	●95. 12%	0. 00%
小計②=		●13, 075. 0611	100 %	
合計=		1, 846, 696, 568. 06		100 %
11	¥	250, 871, 291	●17. 20%	17. 16%
12	¥	388, 645, 266	26. 65%	●26. 58%
13	¥	473, 824, 787	32. 49%	32. 41%
14	¥	●209, 446, 560	14. 36%	14. 33%
15	¥	135, 694, 086	9. 30%	●9. 28%
小計③=¥		●1, 458, 481, 990	100 %	
16	¥	●1, 022, 679	29. 61%	0. 07%
17	¥	69, 434	2. 01%	0. 00%
18	¥	2, 349, 054	68. 02%	●0. 16%
19	¥	3, 613	●0. 10%	0. 00%
20	¥	●8, 614	0. 25%	0. 00%
小計④=¥		3, 453, 394	100 %	
合計=¥		●1, 461, 935, 384		100 %

※検定試験時の採点箇所は、●印のついた20箇所です。
※タブスイッチのない電卓で計算した場合、上記のとおりにならないことがあります。

除算解答（●印1箇所5点×20箇所）

No.		答	構成比	構成比
1		●1, 576	10. 66%	10. 66%
2		6, 453	●43. 66%	43. 64%
3		●2, 098	14. 20%	14. 19%
4		742	5. 02%	5. 02%
5		3, 910	26. 46%	●26. 44%
小計①=		●14, 779	100 %	
6		0. 5189	7. 39%	0. 00%
7		0. 0624	●0. 89%	0. 00%
8		4. 6875	66. 75%	●0. 03%
9		●0. 9301	13. 24%	0. 01%
10		0. 8237	●11. 73%	0. 01%
小計②=		7. 0226	100 %	
合計=		●14, 786. 0226		100 %
11	¥	5, 481	6. 47%	●5. 27%
12	¥	●60, 243	71. 12%	57. 93%
13	¥	9, 716	11. 47%	●9. 34%
14	¥	1, 357	●1. 60%	1. 30%
15	¥	●7, 904	9. 33%	7. 60%
小計③=¥		84, 701	100 %	
16	¥	8, 039	41. 67%	7. 73%
17	¥	●125	0. 65%	0. 12%
18	¥	4, 892	●25. 36%	4. 70%
19	¥	●3, 568	18. 49%	3. 43%
20	¥	2, 670	13. 84%	●2. 57%
小計④=¥		●19, 294	100 %	
合計=¥		103, 995		100 %

複合算解答（1題5点×20題）

No.	答
1	8, 325
2	9, 349
3	1, 307
4	28, 502, 847
5	684
6	7, 966
7	663, 069, 471
8	8, 300, 048, 610
9	23, 583, 299
10	704
11	−54, 488, 594
12	52, 728, 000, 000
13	3, 665
14	365, 335, 801
15	3, 931, 386, 982
16	4, 565, 460, 354
17	107, 622, 000
18	−982
19	6, 003
20	44, 084, 340

見取算解答（1題10点×10題）

No.		答
1	¥	185, 605, 599
2	¥	230, 558, 268
3	¥	123, 420, 749
4	¥	204, 139, 173
5	¥	−30, 149, 910
6	¥	58, 084, 815
7	¥	221, 957, 295
8	¥	158, 481, 312
9	¥	116, 592, 999
10	¥	167, 632, 098

伝票算解答（1題10点×10題）

No.		答
1	¥	30, 687, 671
2	¥	33, 545, 968
3	¥	18, 971, 102
4	¥	37, 970, 134
5	¥	31, 706, 570
6	¥	29, 267, 390
7	¥	30, 512, 644
8	¥	25, 165, 622
9	¥	35, 551, 717
10	¥	26, 237, 495

第2回

■1種目100点を満点とし、各種目とも得点70点以上を合格とする。
■乗算・除算は解答表の●印のついた箇所（1箇所5点、各20箇所）だけを採点する。

乗算解答（●印1箇所5点×20箇所）

No.		答	構成比	構成比
1		519, 013, 836	44. 40%	●44. 39%
2		●45, 031, 120	3. 85%	3. 85%
3		130, 142, 760	●11. 13%	11. 13%
4		●376, 462, 485	32. 20%	32. 20%
5		98, 392, 756	8. 42%	●8. 42%
小計①=		1, 169, 042, 957	100 %	
6		●0. 3984	0. 00%	0. 00%
7		65, 869. 4816	●83. 09%	0. 01%
8		13, 405. 8288	●16. 91%	0. 00%
9		●0. 4895	0. 00%	0. 00%
10		2. 4464	0. 00%	0. 00%
小計②=		●79, 278. 6447	100 %	
合計=		1, 169, 122, 235. 64		100 %
11	¥	●472, 274, 392	24. 54%	24. 44%
12	¥	108, 747, 870	5. 65%	●5. 63%
13	¥	403, 183, 039	20. 95%	●20. 86%
14	¥	●811, 858, 428	42. 19%	42. 01%
15	¥	128, 440, 836	●6. 67%	6. 65%
小計③=¥		1, 924, 504, 565	100 %	
16	¥	37, 820	●0. 47%	0. 00%
17	¥	●29, 315	0. 36%	0. 00%
18	¥	1, 088	0. 01%	0. 00%
19	¥	●18, 395	0. 23%	0. 00%
20	¥	8, 002, 831	98. 93%	●0. 41%
小計④=¥		8, 089, 449	100 %	
合計=¥		●1, 932, 594, 014		100 %

※検定試験時の採点箇所は、●印のついた20箇所です。
※タブスイッチのない電卓で計算した場合、上記のとおりにならないことがあります。

除算解答（●印1箇所5点×20箇所）

No.		答	構成比	構成比
1		2, 859	12. 75%	12. 28%
2		●5, 410	24. 12%	23. 23%
3		7, 036	31. 37%	●30. 21%
4		173	●0. 77%	0. 74%
5		●6, 948	30. 98%	29. 83%
小計①=		●22, 426	100 %	
6		856. 7	●99. 36%	3. 68%
7		●0. 9781	0. 11%	0. 00%
8		4. 1392	0. 48%	●0. 02%
9		0. 3204	●0. 04%	0. 00%
10		0. 0625	0. 01%	0. 00%
小計②=		862. 2002	100 %	
合計=		●23, 288. 2002		100 %
11	¥	●8, 091	10. 97%	8. 52%
12	¥	4, 956	6. 72%	●5. 22%
13	¥	●2, 637	3. 58%	2. 78%
14	¥	50, 243	●68. 13%	52. 89%
15	¥	7, 814	10. 60%	●8. 23%
小計③=¥		73, 741	100 %	
16	¥	●760	3. 58%	0. 80%
17	¥	1, 529	●7. 19%	1. 61%
18	¥	9, 375	44. 11%	9. 87%
19	¥	6, 182	29. 09%	●6. 51%
20	¥	●3, 408	16. 03%	3. 59%
小計④=¥		●21, 254	100 %	
合計=¥		94, 995		100 %

複合算解答（1題5点×20題）

No.	答
1	12, 139, 631, 535
2	−6, 453
3	443, 574, 803
4	77, 097, 860
5	160, 657, 238
6	221, 245, 011
7	16, 104
8	9, 087
9	5, 434, 310, 591
10	−67, 422, 278
11	70, 070, 000, 000
12	10, 565
13	2, 972
14	586
15	33, 924, 400
16	9, 744
17	824
18	3, 216, 095, 122
19	422
20	805, 437, 066

見取算解答（1題10点×10題）

No.		答
1	¥	185, 751, 237
2	¥	239, 586, 051
3	¥	99, 696, 276
4	¥	186, 036, 771
5	¥	−36, 175, 450
6	¥	79, 932, 077
7	¥	212, 499, 645
8	¥	203, 522, 748
9	¥	156, 305, 799
10	¥	113, 753, 076

伝票算解答（1題10点×10題）

No.		答
1	¥	30, 703, 457
2	¥	33, 546, 328
3	¥	18, 937, 604
4	¥	40, 152, 580
5	¥	31, 620, 134
6	¥	29, 255, 636
7	¥	30, 512, 482
8	¥	25, 127, 129
9	¥	34, 480, 231
10	¥	26, 131, 565

第3回

■1種目100点を満点とし、各種目とも得点70点以上を合格とする。
■乗算・除算は解答表の●印のついた箇所（1箇所5点、各20箇所）だけを採点する。

乗算解答（●印1箇所5点×20箇所）

1	256, 115, 145	13. 63 %	● 13. 63 %
2	● 211, 335, 168	11. 25 %	11. 25 %
3	114, 276, 880	● 6. 08 %	6. 08 %
4	676, 396, 880	36. 00 %	● 36. 00 %
5	● 620, 896, 176	33. 04 %	33. 04 %
小計①＝	1, 879, 020, 249	100 %	
6	5, 889. 6822	● 9. 16 %	0. 00 %
7	● 0. 1781	0. 00 %	0. 00 %
8	● 2. 2856	0. 00 %	0. 00 %
9	58, 431. 3426	● 90. 83 %	0. 00 %
10	4. 0716	0. 01 %	0. 00 %
小計②＝	● 64, 327. 5601	100 %	
合計＝	1, 879, 084, 576. 56		100 %
11 ¥	565, 741, 572	● 45. 79 %	45. 61 %
12 ¥	100, 937, 706	8. 17 %	● 8. 14 %
13 ¥	219, 584, 560	17. 77 %	● 17. 70 %
14 ¥	298, 456, 063	24. 15 %	24. 06 %
15 ¥	● 50, 902, 488	4. 12 %	4. 10 %
小計③＝¥	● 1, 235, 622, 389	100 %	
16 ¥	● 52, 375	1. 09 %	0. 00 %
17 ¥	3, 182	● 0. 07 %	0. 00 %
18 ¥	● 186, 300	3. 88 %	0. 02 %
19 ¥	4, 562, 766	94. 95 %	● 0. 37 %
20 ¥	666	0. 01 %	0. 00 %
小計④＝¥	● 4, 805, 289	100 %	
合計＝¥	1, 240, 427, 678		100 %

除算解答（●印1箇所5点×20箇所）

1	297	1. 59 %	1. 59 %
2	1, 482	● 7. 96 %	7. 95 %
3	● 5, 934	31. 86 %	31. 84 %
4	3, 860	20. 73 %	● 20. 71 %
5	● 7, 051	37. 86 %	37. 84 %
小計①＝	● 18, 624	100 %	
6	0. 6713	● 6. 55 %	0. 00 %
7	● 0. 4209	4. 11 %	0. 00 %
8	8. 1546	79. 58 %	● 0. 04 %
9	● 0. 9628	9. 40 %	0. 01 %
10	0. 0375	● 0. 37 %	0. 00 %
小計②＝	10. 2471	100 %	
合計＝	18, 634. 2471		100 %
11 ¥	● 9, 857	16. 08 %	11. 14 %
12 ¥	40, 792	66. 53 %	● 46. 08 %
13 ¥	3, 419	● 5. 58 %	3. 86 %
14 ¥	2, 163	3. 53 %	2. 44 %
15 ¥	5, 086	8. 29 %	● 5. 75 %
小計③＝¥	● 61, 317	100 %	
16 ¥	8, 571	31. 51 %	9. 68 %
17 ¥	● 125	0. 46 %	0. 14 %
18 ¥	7, 904	29. 06 %	● 8. 93 %
19 ¥	4, 368	● 16. 06 %	4. 93 %
20 ¥	● 6, 230	22. 91 %	7. 04 %
小計④＝¥	27, 198	100 %	
合計＝¥	● 88, 515		100 %

複合算解答（1題5点×20題）

1	466, 476, 532
2	946
3	74, 100, 000, 000
4	25, 615, 719, 926
5	1, 406
6	1, 907, 195, 082
7	179, 061, 280
8	852
9	7, 924
10	6, 672, 728, 797
11	60, 712, 166
12	407
13	380, 371, 673
14	43, 706, 299
15	8, 392
16	3, 144, 143, 070
17	−29, 986, 261, 127
18	−5, 018
19	5, 876
20	9, 174

見取算解答（1題10点×10題）

1	¥	150, 021, 165
2	¥	239, 968, 803
3	¥	74, 483, 407
4	¥	149, 921, 013
5	¥	−19, 581, 985
6	¥	115, 205, 959
7	¥	140, 657, 271
8	¥	221, 585, 784
9	¥	141, 071, 276
10	¥	140, 267, 355

伝票算解答（1題10点×10題）

1	¥	25, 660, 010
2	¥	33, 873, 388
3	¥	19, 638, 164
4	¥	40, 153, 084
5	¥	31, 621, 115
6	¥	28, 334, 936
7	¥	30, 315, 220
8	¥	27, 721, 523
9	¥	34, 480, 582
10	¥	26, 160, 950

※検定試験時の採点箇所は、●印のついた20箇所です。
※タブスイッチのない電卓で計算した場合、上記のとおりにならないことがあります。

第4回

■1種目100点を満点とし、各種目とも得点70点以上を合格とする。
■乗算・除算は解答表の●印のついた箇所（1箇所5点、各20箇所）だけを採点する。

乗算解答（●印1箇所5点×20箇所）

1	585, 460, 764	34. 42 %	● 34. 42 %
2	132, 224, 301	● 7. 77 %	7. 77 %
3	569, 795, 120	33. 50 %	● 33. 50 %
4	● 323, 677, 824	19. 03 %	19. 03 %
5	89, 832, 260	● 5. 28 %	5. 28 %
小計①＝	1, 700, 990, 269	100 %	
6	● 47. 9055	0. 39 %	0. 00 %
7	2, 533. 9868	● 20. 88 %	0. 00 %
8	● 9, 553. 9459	78. 72 %	0. 00 %
9	0. 4785	0. 00 %	0. 00 %
10	● 0. 0782	0. 00 %	0. 00 %
小計②＝	● 12, 136. 3949	100 %	
合計＝	1, 701, 002, 405. 39		100 %
11 ¥	● 223, 008, 318	11. 09 %	11. 02 %
12 ¥	560, 007, 113	27. 86 %	● 27. 67 %
13 ¥	● 549, 627, 920	27. 34 %	27. 15 %
14 ¥	495, 814, 303	● 24. 66 %	24. 49 %
15 ¥	181, 840, 944	9. 05 %	● 8. 98 %
小計③＝¥	2, 010, 298, 598	100 %	
16 ¥	● 5, 840	0. 04 %	0. 00 %
17 ¥	6, 438, 592	46. 45 %	● 0. 32 %
18 ¥	80, 705	● 0. 58 %	0. 00 %
19 ¥	7, 154	0. 05 %	0. 00 %
20 ¥	● 7, 330, 323	52. 88 %	0. 36 %
小計④＝¥	● 13, 862, 614	100 %	
合計＝¥	2, 024, 161, 212		100 %

除算解答（●印1箇所5点×20箇所）

1	● 7, 350	36. 26 %	36. 24 %
2	643	3. 17 %	3. 17 %
3	● 5, 978	29. 49 %	29. 48 %
4	4, 281	21. 12 %	● 21. 11 %
5	2, 019	● 9. 96 %	9. 96 %
小計①＝	20, 271	100 %	
6	0. 3804	● 3. 74 %	0. 00 %
7	0. 1467	● 1. 44 %	0. 00 %
8	● 0. 0725	0. 71 %	0. 00 %
9	8. 6592	85. 12 %	● 0. 04 %
10	● 0. 9136	8. 98 %	0. 00 %
小計②＝	10. 1724	100 %	
合計＝	● 20, 281. 1724		100 %
11 ¥	● 8, 593	11. 78 %	9. 87 %
12 ¥	47, 609	65. 24 %	● 54. 68 %
13 ¥	● 9, 482	12. 99 %	10. 89 %
14 ¥	1, 037	● 1. 42 %	1. 19 %
15 ¥	6, 251	8. 57 %	● 7. 18 %
小計③＝¥	72, 972	100 %	
16 ¥	● 2, 340	16. 59 %	2. 69 %
17 ¥	5, 264	37. 33 %	6. 05 %
18 ¥	716	5. 08 %	● 0. 82 %
19 ¥	● 3, 908	27. 71 %	4. 49 %
20 ¥	1, 875	● 13. 30 %	2. 15 %
小計④＝¥	14, 103	100 %	
合計＝¥	● 87, 075		100 %

複合算解答（1題5点×20題）

1	5, 759, 386, 155
2	567, 629, 681
3	9, 843
4	93, 055, 740
5	25, 534, 025
6	480, 188, 587
7	11, 596
8	6, 785
9	728
10	45, 547, 449
11	192
12	−773, 712, 248
13	28, 773
14	3, 359, 982, 690
15	−9, 764
16	8, 592
17	31, 512, 245, 320
18	832
19	65, 620, 000, 000
20	5, 642, 823, 156

見取算解答（1題10点×10題）

1	¥	240, 120, 624
2	¥	131, 583, 450
3	¥	187, 011, 326
4	¥	131, 883, 960
5	¥	−29, 451, 440
6	¥	135, 671, 262
7	¥	203, 223, 894
8	¥	185, 542, 971
9	¥	90, 239, 187
10	¥	239, 429, 265

伝票算解答（1題10点×10題）

1	¥	26, 067, 116
2	¥	33, 865, 396
3	¥	19, 643, 258
4	¥	40, 973, 614
5	¥	31, 621, 151
6	¥	28, 343, 846
7	¥	30, 323, 032
8	¥	27, 716, 528
9	¥	35, 083, 321
10	¥	26, 160, 824

※検定試験時の採点箇所は、●印のついた20箇所です。
※タブスイッチのない電卓で計算した場合、上記のとおりにならないことがあります。

第5回

■1種目100点を満点とし、各種目とも得点70点以上を合格とする。
■乗算・除算は解答表の●印のついた箇所（1箇所5点、各20箇所）だけを採点する。

乗算解答（●印1箇所5点×20箇所）

1	●332, 488, 145	18. 15％	18. 15％
2	280, 207, 810	15. 30％	●15. 30％
3	541, 275, 902	29. 55％	●29. 55％
4	518, 990, 680	●28. 34％	28. 34％
5	158, 482, 336	8. 65％	8. 65％
小計①＝	●1, 831, 444, 873	100 ％	
6	3. 2279	0. 01％	0. 00％
7	●15, 140. 6871	61. 82％	0. 00％
8	9, 272. 8482	●37. 86％	0. 00％
9	●0. 0448	0. 00％	0. 00％
10	74. 6443	●0. 30％	0. 00％
小計②＝	●24, 491. 4523	100 ％	
合計＝	1, 831, 469, 364. 45		100 ％
11 ￥	98, 906, 808	8. 13％	8. 06％
12 ￥	732, 489, 183	●60. 20％	59. 72％
13 ￥	●175, 328, 377	14. 41％	14. 29％
14 ￥	150, 041, 836	12. 33％	●12. 23％
15 ￥	●60, 056, 100	4. 94％	4. 90％
小計③＝￥	●1, 216, 822, 304	100 ％	
16 ￥	78, 531	0. 81％	●0. 01％
17 ￥	●3, 960, 250	40. 63％	0. 32％
18 ￥	61, 212	●0. 63％	0. 00％
19 ￥	2, 996	0. 03％	0. 00％
20 ￥	5, 643, 099	57. 90％	●0. 46％
小計④＝￥	9, 746, 088	100 ％	
合計＝￥	●1, 226, 568, 392		100 ％

※検定試験時の採点箇所は、●印のついた20箇所です。
※タブスイッチのない電卓で計算した場合、上記のとおりにならないことがあります。

除算解答（●印1箇所5点×20箇所）

1	913	5. 64％	5. 64％
2	3, 572	●22. 07％	22. 05％
3	1, 069	6. 60％	●6. 60％
4	●6, 284	38. 82％	38. 80％
5	4, 350	●26. 87％	26. 86％
小計①＝	●16, 188	100 ％	
6	●7. 9648	82. 28％	0. 05％
7	0. 5407	●5. 59％	0. 00％
8	●0. 2791	2. 88％	0. 00％
9	0. 8136	8. 40％	●0. 01％
10	●0. 0825	0. 85％	0. 00％
小計②＝	9. 6807	100 ％	
合計＝	16, 197. 6807		100 ％
11 ￥	1, 653	2. 11％	1. 66％
12 ￥	7, 194	●9. 16％	7. 23％
13 ￥	●6, 938	8. 84％	6. 97％
14 ￥	4, 701	5. 99％	●4. 72％
15 ￥	58, 029	73. 91％	●58. 32％
小計③＝￥	●78, 515	100 ％	
16 ￥	875	4. 17％	0. 88％
17 ￥	●3, 042	14. 50％	3. 06％
18 ￥	2, 460	11. 73％	●2. 47％
19 ￥	5, 216	●24. 86％	5. 24％
20 ￥	●9, 387	44. 74％	9. 43％
小計④＝￥	20, 980	100 ％	
合計＝￥	●99, 495		100 ％

複合算解答（1題5点×20題）

1	934, 744, 375
2	−4, 643, 865, 235
3	949, 557, 360
4	694
5	1, 926
6	7, 806
7	35, 222, 779
8	41, 110, 684, 233
9	853
10	7, 770, 000, 000
11	5, 800
12	1, 676
13	502, 052, 063
14	234, 452, 013
15	36, 403, 977
16	2, 619, 409, 810
17	19, 789
18	−8, 923
19	6, 049, 990, 496
20	1, 785

見取算解答（1題10点×10題）

1	￥	212, 393, 577
2	￥	194, 795, 355
3	￥	54, 629, 052
4	￥	194, 499, 687
5	￥	−24, 247, 184
6	￥	51, 216, 565
7	￥	248, 404, 670
8	￥	239, 619, 282
9	￥	109, 948, 351
10	￥	186, 045, 198

伝票算解答（1題10点×10題）

1	￥	26, 014, 610
2	￥	35, 994, 841
3	￥	20, 058, 869
4	￥	40, 954, 147
5	￥	31, 792, 160
6	￥	28, 405, 343
7	￥	25, 542, 367
8	￥	27, 408, 998
9	￥	35, 124, 244
10	￥	25, 577, 894

第6回

■1種目100点を満点とし、各種目とも得点70点以上を合格とする。
■乗算・除算は解答表の●印のついた箇所（1箇所5点、各20箇所）だけを採点する。

乗算解答（●印1箇所5点×20箇所）

1	433, 303, 020	36. 19％	36. 19％
2	123, 868, 208	●10. 35％	10. 35％
3	●463, 510, 584	38. 72％	38. 71％
4	83, 869, 706	7. 01％	●7. 00％
5	92, 667, 970	7. 74％	●7. 74％
小計①＝	●1, 197, 219, 488	100 ％	
6	46, 382. 3451	●63. 67％	0. 00％
7	●0. 0296	0. 00％	0. 00％
8	8. 2938	0. 01％	0. 00％
9	16. 1325	●0. 02％	0. 00％
10	●26, 440. 8713	36. 30％	0. 00％
小計②＝	●72, 847. 6723	100 ％	
合計＝	1, 197, 292, 335. 67		100 ％
11 ￥	605, 727, 360	36. 20％	●35. 92％
12 ￥	●243, 298, 424	14. 54％	14. 43％
13 ￥	270, 068, 663	16. 14％	●16. 01％
14 ￥	●41, 279, 013	2. 47％	2. 45％
15 ￥	512, 806, 643	●30. 65％	30. 41％
小計③＝￥	1, 673, 180, 103	100 ％	
16 ￥	●25, 650	0. 19％	0. 00％
17 ￥	5, 607, 812	42. 40％	●0. 33％
18 ￥	1, 540	0. 01％	0. 00％
19 ￥	4, 253	●0. 03％	0. 00％
20 ￥	●7, 587, 882	57. 37％	0. 45％
小計④＝￥	●13, 227, 137	100 ％	
合計＝￥	1, 686, 407, 240		100 ％

※検定試験時の採点箇所は、●印のついた20箇所です。
※タブスイッチのない電卓で計算した場合、上記のとおりにならないことがあります。

除算解答（●印1箇所5点×20箇所）

1	2, 139	●10. 22％	10. 22％
2	●8, 956	42. 80％	42. 79％
3	3, 741	17. 88％	●17. 87％
4	5, 480	26. 19％	●26. 18％
5	●607	2. 90％	2. 90％
小計①＝	20, 923	100 ％	
6	●0. 1592	1. 73％	0. 00％
7	7. 6218	82. 78％	●0. 04％
8	0. 0824	0. 89％	0. 00％
9	●0. 4063	4. 41％	0. 00％
10	0. 9375	●10. 18％	0. 00％
小計②＝	●9. 2072	100 ％	
合計＝	20, 932. 2072		100 ％
11 ￥	●41, 387	65. 20％	45. 28％
12 ￥	2, 046	3. 22％	2. 24％
13 ￥	●6, 273	9. 88％	6. 86％
14 ￥	7, 869	●12. 40％	8. 61％
15 ￥	5, 902	9. 30％	●6. 46％
小計③＝￥	●63, 477	100 ％	
16 ￥	●6, 731	24. 11％	7. 36％
17 ￥	128	●0. 46％	0. 14％
18 ￥	3, 095	11. 09％	●3. 39％
19 ￥	9, 450	33. 85％	10. 34％
20 ￥	8, 514	●30. 50％	9. 32％
小計④＝￥	●27, 918	100 ％	
合計＝￥	91, 395		100 ％

複合算解答（1題5点×20題）

1	8, 116, 400, 000
2	22, 669, 812
3	56, 443, 932, 860
4	9, 290
5	462, 099, 135
6	559, 434, 351
7	−4, 101, 350, 570
8	742, 025, 175
9	32, 779, 859, 265
10	608
11	109
12	15, 175
13	2, 597
14	184, 976, 516
15	32, 432
16	−963
17	627
18	8, 273
19	7, 686, 901, 880
20	365, 311, 412

見取算解答（1題10点×10題）

1	￥	194, 394, 555
2	￥	194, 946, 474
3	￥	92, 328, 838
4	￥	222, 150, 114
5	￥	−31, 713, 718
6	￥	110, 317, 970
7	￥	194, 496, 837
8	￥	203, 281, 431
9	￥	93, 354, 948
10	￥	104, 626, 068

伝票算解答（1題10点×10題）

1	￥	32, 443, 094
2	￥	36, 015, 955
3	￥	20, 060, 399
4	￥	41, 180, 461
5	￥	23, 624, 498
6	￥	23, 545, 334
7	￥	25, 538, 083
8	￥	27, 407, 396
9	￥	35, 285, 947
10	￥	27, 523, 388

第7回

■1種目100点を満点とし、各種目とも得点70点以上を合格とする。
■乗算・除算は解答表の●印のついた箇所（1箇所5点、各20箇所）だけを採点する。

乗算解答（●印1箇所5点×20箇所）

No.	解答	構成比	構成比
1	140, 734, 720	7. 78%	● 7. 78%
2	●367, 374, 405	20. 32%	20. 32%
3	174, 179, 620	9. 63%	● 9. 63%
4	545, 330, 844	30. 17%	30. 16%
5	580, 187, 532	●32. 09%	32. 09%
小計①=	●1, 807, 807, 121	100 %	
6	●33, 582. 5644	85. 71%	0. 00%
7	0. 2911	0. 00%	0. 00%
8	8. 0325	● 0. 02%	0. 00%
9	5, 584. 2969	●14. 25%	0. 00%
10	●4. 2836	0. 01%	0. 00%
小計②=	●39, 179. 4685	100 %	
合計=	1, 807, 846, 300. 46		100 %
11 ¥	98, 039, 396	6. 60%	● 6. 47%
12 ¥	●276, 795, 662	18. 64%	18. 27%
13 ¥	212, 673, 194	●14. 32%	14. 03%
14 ¥	399, 592, 480	26. 90%	●26. 37%
15 ¥	498, 203, 893	33. 54%	32. 88%
小計③=¥	●1, 485, 304, 625	100 %	
16 ¥	●22, 862, 608	75. 88%	1. 51%
17 ¥	3, 578	0. 01%	0. 00%
18 ¥	●5, 712	0. 02%	0. 00%
19 ¥	310, 597	● 1. 03%	0. 02%
20 ¥	6, 947, 968	23. 06%	● 0. 46%
小計④=¥	30, 130, 463	100 %	
合計=¥	●1, 515, 435, 088		100 %

※検定試験時の採点箇所は、●印のついた20箇所です。
※タブスイッチのない電卓で計算した場合、上記のとおりにならないことがあります。

除算解答（●印1箇所5点×20箇所）

No.	解答	構成比	構成比
1	●4, 571	22. 83%	22. 82%
2	9, 258	46. 23%	●46. 21%
3	●3, 702	18. 49%	18. 48%
4	864	4. 31%	● 4. 31%
5	1, 630	8. 14%	8. 14%
小計①=	●20, 025	100 %	
6	0. 0349	● 0. 38%	0. 00%
7	0. 6083	6. 54%	0. 00%
8	7. 8125	84. 03%	● 0. 04%
9	●0. 5917	6. 36%	0. 00%
10	0. 2496	● 2. 68%	0. 00%
小計②=	9. 297	100 %	
合計=	●20, 034. 297		100 %
11 ¥	●9, 341	10. 75%	8. 91%
12 ¥	3, 657	● 4. 21%	3. 49%
13 ¥	●8, 074	9. 30%	7. 70%
14 ¥	64, 209	73. 92%	●61. 21%
15 ¥	●1, 582	1. 82%	1. 51%
小計③=¥	86, 863	100 %	
16 ¥	1, 895	●10. 51%	1. 81%
17 ¥	468	2. 60%	0. 45%
18 ¥	2, 710	●15. 03%	2. 58%
19 ¥	5, 023	27. 86%	● 4. 79%
20 ¥	●7, 936	44. 01%	7. 57%
小計④=¥	●18, 032	100 %	
合計=¥	104, 895		100 %

複合算解答（1題5点×20題）

No.	解答
1	16, 994
2	7, 064
3	6, 014, 829, 185
4	918
5	851
6	452, 493, 383
7	−892
8	25, 669, 750, 463
9	2, 893, 603, 500
10	7, 077, 500, 000
11	593
12	1, 654
13	14, 168
14	4, 728, 344, 662
15	−3, 778, 581, 045
16	60, 288, 124, 704
17	9, 185
18	57, 524, 325
19	13, 089, 582, 312
20	344, 465, 286

見取算解答（1題10点×10題）

No.	解答
1	¥ 230, 260, 692
2	¥ 167, 696, 481
3	¥ 84, 158, 620
4	¥ 240, 158, 793
5	¥ −17, 309, 033
6	¥ 104, 429, 477
7	¥ 140, 771, 160
8	¥ 195, 090, 459
9	¥ 133, 148, 357
10	¥ 203, 632, 998

伝票算解答（1題10点×10題）

No.	解答
1	¥ 32, 423, 501
2	¥ 37, 989, 025
3	¥ 20, 052, 335
4	¥ 38, 455, 261
5	¥ 23, 662, 298
6	¥ 23, 497, 238
7	¥ 23, 350, 903
8	¥ 27, 908, 696
9	¥ 33, 273, 934
10	¥ 27, 519, 590

第8回

■1種目100点を満点とし、各種目とも得点70点以上を合格とする。
■乗算・除算は解答表の●印のついた箇所（1箇所5点、各20箇所）だけを採点する。

乗算解答（●印1箇所5点×20箇所）

No.	解答	構成比	構成比
1	359, 998, 705	●24. 76%	24. 76%
2	497, 195, 160	34. 20%	●34. 20%
3	●370, 781, 554	25. 50%	25. 50%
4	61, 865, 544	4. 26%	● 4. 26%
5	164, 058, 330	11. 28%	11. 28%
小計①=	●1, 453, 899, 293	100 %	
6	●24, 612. 2712	67. 59%	0. 00%
7	0. 0544	0. 00%	0. 00%
8	●2. 3028	0. 01%	0. 00%
9	38. 1618	● 0. 10%	0. 00%
10	11, 759. 0628	●32. 29%	0. 00%
小計②=	●36, 411. 853	100 %	
合計=	1, 453, 935, 704. 85		100 %
11 ¥	252, 954, 702	16. 55%	●16. 32%
12 ¥	67, 754, 740	● 4. 43%	4. 37%
13 ¥	572, 955, 459	37. 49%	36. 96%
14 ¥	213, 030, 342	13. 94%	●13. 74%
15 ¥	●421, 691, 308	27. 59%	27. 20%
小計③=¥	●1, 528, 386, 551	100 %	
16 ¥	●2, 315	0. 01%	0. 00%
17 ¥	4, 278, 414	19. 64%	● 0. 28%
18 ¥	●37, 275	0. 17%	0. 00%
19 ¥	17, 403, 918	●79. 88%	1. 12%
20 ¥	66, 358	0. 30%	0. 00%
小計④=¥	21, 788, 280	100 %	
合計=¥	●1, 550, 174, 831		100 %

※検定試験時の採点箇所は、●印のついた20箇所です。
※タブスイッチのない電卓で計算した場合、上記のとおりにならないことがあります。

除算解答（●印1箇所5点×20箇所）

No.	解答	構成比	構成比
1	623	3. 92%	3. 92%
2	●2, 065	12. 99%	12. 99%
3	7, 458	●46. 93%	46. 90%
4	3, 810	23. 97%	●23. 96%
5	1, 937	12. 19%	●12. 18%
小計①=	●15, 893	100 %	
6	0. 0271	0. 36%	0. 00%
7	●0. 8169	10. 77%	0. 01%
8	5. 3046	69. 92%	● 0. 03%
9	0. 9784	●12. 90%	0. 01%
10	●0. 4592	6. 05%	0. 00%
小計②=	●7. 5862	100 %	
合計=	15, 900. 5862		100 %
11 ¥	21, 786	47. 26%	30. 82%
12 ¥	●6, 098	13. 23%	8. 63%
13 ¥	3, 401	7. 38%	● 4. 81%
14 ¥	●5, 263	11. 42%	7. 44%
15 ¥	9, 547	●20. 71%	13. 50%
小計③=¥	●46, 095	100 %	
16 ¥	125	0. 51%	0. 18%
17 ¥	8, 672	●35. 25%	12. 27%
18 ¥	●4, 850	19. 72%	6. 86%
19 ¥	3, 914	●15. 91%	5. 54%
20 ¥	7, 039	28. 61%	● 9. 96%
小計④=¥	●24, 600	100 %	
合計=¥	70, 695		100 %

複合算解答（1題5点×20題）

No.	解答
1	45
2	−908
3	7, 821
4	8, 616
5	117, 612
6	739, 764, 419
7	6, 740
8	2, 715, 528, 528
9	36, 537, 307, 371
10	759
11	5, 999, 540, 750
12	13, 483, 682, 964
13	−4, 188, 007, 668
14	9, 374
15	1, 479, 440, 562
16	230, 003, 888
17	6, 450, 000, 000
18	32, 714, 307, 015
19	893
20	585, 504, 464

見取算解答（1題10点×10題）

No.	解答
1	¥ 149, 787, 849
2	¥ 204, 085, 749
3	¥ 72, 071, 603
4	¥ 266, 871, 243
5	¥ −39, 789, 416
6	¥ 44, 656, 803
7	¥ 194, 420, 733
8	¥ 131, 227, 737
9	¥ 64, 738, 459
10	¥ 194, 433, 324

伝票算解答（1題10点×10題）

No.	解答
1	¥ 33, 182, 651
2	¥ 37, 987, 756
3	¥ 17, 958, 539
4	¥ 38, 365, 162
5	¥ 23, 288, 339
6	¥ 23, 613, 635
7	¥ 23, 351, 263
8	¥ 34, 784, 840
9	¥ 33, 562, 879
10	¥ 26, 893, 955

第9回

■1種目100点を満点とし、各種目とも得点70点以上を合格とする。
■乗算・除算は解答表の●印のついた箇所（1箇所5点、各20箇所）だけを採点する。

乗算解答（●印1箇所5点×20箇所）

No.	解答	%	%
1	483, 744, 488	42. 56%	42. 55%
2	62, 924, 680	5. 54%	● 5. 54%
3	●146, 255, 165	12. 87%	12. 87%
4	243, 626, 726	21. 43%	●21. 43%
5	200, 175, 990	●17. 61%	17. 61%
小計①=	●1, 136, 727, 049	100 %	
6	32, 296. 2136	●35. 18%	0. 00%
7	●111. 6752	0. 12%	0. 00%
8	59, 406. 4287	●64. 70%	0. 01%
9	0. 4266	0. 00%	0. 00%
10	●0. 7957	0. 00%	0. 00%
小計②=	●91, 815. 5398	100 %	
合計=	1, 136, 818, 864. 53		100 %
11	¥ ●183, 205, 229	9. 31%	9. 28%
12	¥ 704, 331, 152	●35. 78%	35. 66%
13	¥ 456, 086, 756	23. 17%	●23. 09%
14	¥ 515, 260, 836	26. 17%	●26. 09%
15	¥ 109, 826, 810	5. 58%	5. 56%
小計③=¥	●1, 968, 710, 783	100 %	
16	¥ 7, 595	0. 12%	0. 00%
17	¥ 6, 202, 042	97. 83%	● 0. 31%
18	¥ ●18, 660	0. 29%	0. 00%
19	¥ ●40, 841	0. 64%	0. 00%
20	¥ 70, 200	● 1. 11%	0. 00%
小計④=¥	●6, 339, 338	100 %	
合計=¥	1, 975, 050, 121		100 %

※検定試験時の採点箇所は、●印のついた20箇所です。
※タブスイッチのない電卓で計算した場合、上記のとおりにならないことがあります。

除算解答（●印1箇所5点×20箇所）

No.	解答	%	%
1	7, 620	32. 33%	32. 31%
2	●5, 169	21. 93%	21. 92%
3	6, 501	27. 58%	●27. 57%
4	3, 794	16. 10%	●16. 09%
5	487	● 2. 07%	2. 07%
小計①=	●23, 571	100 %	
6	8. 4375	85. 49%	● 0. 04%
7	0. 1036	1. 05%	0. 00%
8	●0. 0528	0. 53%	0. 00%
9	0. 9842	● 9. 97%	0. 00%
10	●0. 2913	2. 95%	0. 00%
小計②=	●9. 8694	100 %	
合計=	23, 580. 8694		100 %
11	¥ 4, 068	7. 70%	5. 43%
12	¥ 5, 302	10. 04%	● 7. 08%
13	¥ ●9, 543	18. 07%	12. 74%
14	¥ ●26, 754	50. 66%	35. 71%
15	¥ 7, 139	●13. 52%	9. 53%
小計③=¥	●52, 806	100 %	
16	¥ 625	2. 83%	0. 83%
17	¥ 7, 891	●35. 68%	10. 53%
18	¥ ●1, 480	6. 69%	1. 98%
19	¥ 8, 907	40. 27%	●11. 89%
20	¥ 3, 216	●14. 54%	4. 29%
小計④=¥	22, 119	100 %	
合計=¥	●74, 925		100 %

複合算解答（1題5点×20題）

No.	解答
1	693
2	8, 057
3	916
4	86, 199, 101, 727
5	5, 269
6	5, 769, 538, 034
7	2, 739, 642, 538
8	4, 680, 000, 000
9	12, 532
10	1, 867
11	75, 696, 067, 629
12	3, 383, 673, 467
13	179, 968
14	6, 287, 100, 322
15	−4, 827, 594, 186
16	37, 801, 723, 941
17	2, 665, 934, 843
18	−784
19	9, 406
20	569, 205, 812

見取算解答（1題10点×10題）

No.	解答
1	¥ 240, 111, 435
2	¥ 167, 759, 364
3	¥ 112, 987, 639
4	¥ 176, 654, 082
5	¥ −50, 710, 747
6	¥ 109, 800, 694
7	¥ 232, 166, 211
8	¥ 177, 075, 789
9	¥ 91, 603, 492
10	¥ 194, 469, 486

伝票算解答（1題10点×10題）

No.	解答
1	¥ 33, 498, 308
2	¥ 38, 299, 219
3	¥ 17, 934, 590
4	¥ 37, 968, 253
5	¥ 23, 287, 646
6	¥ 19, 978, 130
7	¥ 22, 940, 503
8	¥ 34, 802, 129
9	¥ 26, 360, 629
10	¥ 26, 894, 999

第10回

■1種目100点を満点とし、各種目とも得点70点以上を合格とする。
■乗算・除算は解答表の●印のついた箇所（1箇所5点、各20箇所）だけを採点する。

乗算解答（●印1箇所5点×20箇所）

No.	解答	%	%
1	474, 783, 699	39. 03%	39. 02%
2	162, 494, 170	13. 36%	●13. 36%
3	●432, 817, 416	35. 58%	35. 58%
4	92, 150, 760	● 7. 57%	7. 57%
5	54, 339, 102	4. 47%	● 4. 47%
小計①=	●1, 216, 585, 147	100 %	
6	●20. 1298	0. 05%	0. 00%
7	38, 379. 9997	●97. 66%	0. 00%
8	896. 6448	● 2. 28%	0. 00%
9	●0. 6282	0. 00%	0. 00%
10	0. 9948	0. 00%	0. 00%
小計②=	●39, 298. 3973	100 %	
合計=	1, 216, 624, 445. 39		100 %
11	¥ 677, 938, 723	25. 83%	●25. 66%
12	¥ ●188, 168, 958	7. 17%	7. 12%
13	¥ 784, 265, 328	29. 88%	29. 68%
14	¥ 670, 530, 154	25. 55%	●25. 38%
15	¥ 303, 649, 440	●11. 57%	11. 49%
小計③=¥	●2, 624, 552, 603	100 %	
16	¥ 253, 500	● 1. 43%	0. 01%
17	¥ 17, 350, 578	98. 10%	● 0. 66%
18	¥ 867	0. 00%	0. 00%
19	¥ ●8, 240	0. 05%	0. 00%
20	¥ ●73, 620	0. 42%	0. 00%
小計④=¥	17, 686, 805	100 %	
合計=¥	●2, 642, 239, 408		100 %

※検定試験時の採点箇所は、●印のついた20箇所です。
※タブスイッチのない電卓で計算した場合、上記のとおりにならないことがあります。

除算解答（●印1箇所5点×20箇所）

No.	解答	%	%
1	●8, 293	14. 31%	14. 27%
2	5, 780	● 9. 98%	9. 95%
3	7, 652	13. 21%	13. 17%
4	32, 049	55. 31%	●55. 16%
5	4, 168	● 7. 19%	7. 17%
小計①=	●57, 942	100 %	
6	91. 7	●57. 00%	0. 16%
7	●0. 0594	0. 04%	0. 00%
8	●0. 1436	0. 09%	0. 00%
9	0. 2301	0. 14%	0. 00%
10	68. 75	42. 73%	● 0. 12%
小計②=	160. 8831	100 %	
合計=	●58, 102. 8831		100 %
11	¥ 6, 279	26. 50%	7. 43%
12	¥ 9, 034	38. 13%	●10. 68%
13	¥ 4, 607	●19. 44%	5. 45%
14	¥ ●3, 192	13. 47%	3. 78%
15	¥ ●581	2. 45%	0. 69%
小計③=¥	●23, 693	100 %	
16	¥ 2, 816	4. 63%	● 3. 33%
17	¥ ●40, 625	66. 75%	48. 05%
18	¥ 1, 570	2. 58%	● 1. 86%
19	¥ 7, 398	●12. 16%	8. 75%
20	¥ 8, 453	13. 89%	10. 00%
小計④=¥	●60, 862	100 %	
合計=¥	84, 555		100 %

複合算解答（1題5点×20題）

No.	解答
1	1, 126
2	2, 468, 211, 184
3	14, 455, 898, 763
4	3, 918, 901, 198
5	1, 185, 796
6	3, 600, 131, 703
7	6, 524
8	9, 587
9	802
10	867
11	6, 120, 000, 000
12	9, 986
13	−5, 388, 611, 568
14	7, 685
15	−929
16	560, 734, 299
17	7, 203, 173, 460
18	24, 569, 142, 705
19	41, 618, 063, 201
20	4, 540, 536, 324

見取算解答（1題10点×10題）

No.	解答
1	¥ 221, 283, 777
2	¥ 176, 763, 009
3	¥ 129, 728, 568
4	¥ 213, 012, 030
5	¥ 146, 021, 234
6	¥ 115, 059, 235
7	¥ 239, 643, 285
8	¥ 122, 592, 570
9	¥ 148, 648, 979
10	¥ 132, 128, 709

伝票算解答（1題10点×10題）

No.	解答
1	¥ 33, 496, 310
2	¥ 38, 304, 115
3	¥ 19, 670, 627
4	¥ 38, 506, 183
5	¥ 18, 510, 095
6	¥ 19, 977, 806
7	¥ 22, 949, 665
8	¥ 32, 066, 129
9	¥ 25, 615, 753
10	¥ 30, 169, 100

第11回

■1種目100点を満点とし、各種目とも得点70点以上を合格とする。
■乗算・除算は解答表の●印のついた箇所（1箇所5点、各20箇所）だけを採点する。

乗算解答（●印1箇所5点×20箇所）

No.	答	構成比	構成比
1	533, 680, 190	40. 99%	● 40. 99%
2	266, 371, 364	● 20. 46%	20. 46%
3	● 208, 632, 540	16. 02%	16. 02%
4	171, 770, 422	13. 19%	● 13. 19%
5	● 121, 477, 014	9. 33%	9. 33%
小計①=	1, 301, 931, 530	100 %	
6	6, 868. 2867	● 8. 18%	0. 00%
7	● 0. 2722	0. 00%	0. 00%
8	● 0. 0908	0. 00%	0. 00%
9	77, 035. 8897	● 91. 80%	0. 01%
10	11. 4348	0. 01%	0. 00%
小計②=	● 83, 915. 9742	100 %	
合計=	1, 302, 015, 445. 97		100 %
11 ¥	● 264, 635, 004	13. 49%	13. 46%
12 ¥	752, 258, 640	38. 34%	● 38. 25%
13 ¥	373, 770, 936	● 19. 05%	19. 01%
14 ¥	545, 398, 997	27. 80%	27. 73%
15 ¥	25, 823, 736	1. 32%	● 1. 31%
小計③=¥	● 1, 961, 887, 313	100 %	
16 ¥	19, 379	0. 41%	0. 00%
17 ¥	● 2, 553	0. 05%	0. 00%
18 ¥	3, 687, 524	78. 31%	● 0. 19%
19 ¥	953, 343	● 20. 25%	0. 05%
20 ¥	45, 875	0. 97%	0. 00%
小計④=¥	● 4, 708, 674	100 %	
合計=¥	● 1, 966, 595, 987		100 %

※検定試験時の採点箇所は、●印のついた20箇所です。
※タブスイッチのない電卓で計算した場合、上記のとおりにならないことがあります。

除算解答（●印1箇所5点×20箇所）

No.	答	構成比	構成比
1	651	2. 56%	● 2. 56%
2	● 1, 703	6. 70%	6. 70%
3	5, 497	● 21. 63%	21. 62%
4	9, 240	36. 35%	● 36. 34%
5	● 8, 326	32. 76%	32. 75%
小計①=	25, 417	100 %	
6	0. 0964	1. 59%	0. 00%
7	4. 6875	77. 38%	● 0. 02%
8	● 0. 7132	11. 77%	0. 00%
9	0. 3518	● 5. 81%	0. 00%
10	● 0. 2089	3. 45%	0. 00%
小計②=	● 6. 0578	100 %	
合計=	25, 423. 0578		100 %
11 ¥	● 95, 281	83. 93%	69. 35%
12 ¥	1, 394	● 1. 23%	1. 01%
13 ¥	8, 673	7. 64%	● 6. 31%
14 ¥	● 3, 069	2. 70%	2. 23%
15 ¥	5, 107	4. 50%	3. 72%
小計③=¥	● 113, 524	100 %	
16 ¥	4, 736	● 19. 85%	3. 45%
17 ¥	8, 125	34. 05%	5. 91%
18 ¥	● 602	2. 52%	0. 44%
19 ¥	2, 948	12. 35%	● 2. 15%
20 ¥	7, 450	● 31. 22%	5. 42%
小計④=¥	23, 861	100 %	
合計=¥	● 137, 385		100 %

複合算解答（1題5点×20題）

No.	答
1	5, 585
2	8, 194
3	978
4	33, 694, 691, 888
5	−7, 948, 026, 534
6	6, 924
7	7, 557, 614
8	6, 439, 000, 000
9	38, 797, 515, 933
10	874
11	8, 303
12	1, 483, 675, 440
13	−802
14	4, 698, 497, 435
15	26, 460, 741, 230
16	4, 875, 367, 906
17	908
18	252, 735, 241
19	1, 421, 756, 171
20	5, 593, 407, 541

見取算解答（1題10点×10題）

No.	答
1	¥ 203, 920, 041
2	¥ 204, 188, 511
3	¥ 41, 733, 912
4	¥ 167, 193, 588
5	¥ −25, 778, 077
6	¥ 45, 225, 155
7	¥ 212, 368, 812
8	¥ 203, 390, 393
9	¥ 80, 622, 096
10	¥ 140, 872, 758

伝票算解答（1題10点×10題）

No.	答
1	¥ 33, 496, 490
2	¥ 33, 505, 675
3	¥ 19, 775, 792
4	¥ 38, 536, 954
5	¥ 18, 643, 664
6	¥ 19, 977, 410
7	¥ 29, 559, 859
8	¥ 31, 967, 993
9	¥ 25, 657, 981
10	¥ 29, 977, 229

第12回

■1種目100点を満点とし、各種目とも得点70点以上を合格とする。
■乗算・除算は解答表の●印のついた箇所（1箇所5点、各20箇所）だけを採点する。

乗算解答（●印1箇所5点×20箇所）

No.	答	構成比	構成比
1	48, 834, 422	4. 17%	● 4. 17%
2	142, 216, 340	● 12. 15%	12. 15%
3	102, 896, 595	8. 79%	● 8. 79%
4	● 367, 073, 784	31. 36%	31. 35%
5	509, 637, 480	43. 53%	43. 53%
小計①=	● 1, 170, 658, 621	100 %	
6	● 4. 9593	0. 01%	0. 00%
7	75, 759. 3198	● 80. 08%	0. 01%
8	● 0. 0595	0. 00%	0. 00%
9	18, 799. 2896	● 19. 87%	0. 00%
10	46. 3688	0. 05%	0. 00%
小計②=	● 94, 609. 997	100 %	
合計=	1, 170, 753, 230. 99		100 %
11 ¥	483, 724, 206	25. 75%	● 25. 73%
12 ¥	612, 343, 616	32. 59%	32. 57%
13 ¥	● 295, 183, 850	15. 71%	15. 70%
14 ¥	90, 427, 557	● 4. 81%	4. 81%
15 ¥	397, 071, 402	21. 13%	● 21. 12%
小計③=¥	● 1, 878, 750, 631	100 %	
16 ¥	● 4, 441	0. 33%	0. 00%
17 ¥	503, 550	37. 17%	● 0. 03%
18 ¥	● 1, 596	0. 12%	0. 00%
19 ¥	6, 520	0. 48%	0. 00%
20 ¥	838, 499	● 61. 90%	0. 04%
小計④=¥	● 1, 354, 606	100 %	
合計=¥	1, 880, 105, 237		100 %

※検定試験時の採点箇所は、●印のついた20箇所です。
※タブスイッチのない電卓で計算した場合、上記のとおりにならないことがあります。

除算解答（●印1箇所5点×20箇所）

No.	答	構成比	構成比
1	5, 123	8. 45%	8. 45%
2	4, 816	7. 94%	● 7. 94%
3	● 2, 750	4. 53%	4. 53%
4	8, 309	● 13. 70%	13. 70%
5	39, 647	65. 38%	● 65. 37%
小計①=	● 60, 645	100 %	
6	● 7. 94	82. 06%	0. 01%
7	0. 1438	1. 49%	0. 00%
8	0. 0285	● 0. 29%	0. 00%
9	● 0. 6071	6. 27%	0. 00%
10	0. 9562	● 9. 88%	0. 00%
小計②=	● 9. 6756	100 %	
合計=	60, 654. 6756		100 %
11 ¥	2, 917	● 16. 34%	2. 20%
12 ¥	● 5, 803	32. 50%	4. 37%
13 ¥	7, 632	42. 74%	● 5. 75%
14 ¥	● 456	2. 55%	0. 34%
15 ¥	1, 049	5. 87%	0. 79%
小計③=¥	● 17, 857	100 %	
16 ¥	92, 064	80. 10%	● 69. 33%
17 ¥	6, 378	● 5. 55%	4. 80%
18 ¥	4, 790	4. 17%	3. 61%
19 ¥	8, 125	7. 07%	● 6. 12%
20 ¥	● 3, 581	3. 12%	2. 70%
小計④=¥	114, 938	100 %	
合計=¥	● 132, 795		100 %

複合算解答（1題5点×20題）

No.	答
1	516
2	3, 497, 022
3	850
4	7, 324
5	−563
6	4, 013, 698, 206
7	5, 248, 996, 236
8	49, 721, 400, 444
9	29, 931, 988, 767
10	−3, 894, 232, 496
11	9, 060, 412, 880
12	2, 725, 078, 541
13	6, 463, 418, 428
14	15, 228
15	683, 905, 838
16	1, 135, 561, 489
17	7, 900, 200, 000
18	946
19	897
20	29, 719

見取算解答（1題10点×10題）

No.	答
1	¥ 221, 899, 317
2	¥ 213, 172, 050
3	¥ 38, 341, 626
4	¥ 184, 039, 176
5	¥ −20, 595, 072
6	¥ 96, 886, 975
7	¥ 131, 588, 853
8	¥ 257, 532, 585
9	¥ 114, 823, 728
10	¥ 131, 828, 514

伝票算解答（1題10点×10題）

No.	答
1	¥ 32, 087, 693
2	¥ 34, 005, 355
3	¥ 21, 308, 807
4	¥ 38, 530, 969
5	¥ 18, 643, 601
6	¥ 24, 390, 155
7	¥ 29, 286, 232
8	¥ 30, 419, 219
9	¥ 25, 532, 422
10	¥ 29, 974, 952

第13回

■1種目100点を満点とし、各種目とも得点70点以上を合格とする。
■乗算・除算は解答表の●印のついた箇所（1箇所5点、各20箇所）だけを採点する。

乗算解答（●印1箇所5点×20箇所）

	答		
1	83, 331, 732	4. 30 %	● 4. 30 %
2	● 243, 589, 740	12. 57 %	12. 57 %
3	377, 925, 030	● 19. 51 %	19. 51 %
4	494, 320, 685	25. 52 %	● 25. 52 %
5	738, 002, 980	38. 10 %	38. 10 %
小計①=	● 1, 937, 170, 167	100 %	
6	10, 119. 4837	● 11. 23 %	0. 00 %
7	● 0. 0084	0. 00 %	0. 00 %
8	0. 8397	0. 00 %	0. 00 %
9	43, 382. 6784	● 48. 14 %	0. 00 %
10	● 36, 622. 9704	40. 64 %	0. 00 %
小計②=	● 90, 125. 9806	100 %	
合計=	1, 937, 260, 292. 98		100 %
11 ¥	369, 942, 529	15. 11 %	15. 08 %
12 ¥	287, 687, 163	● 11. 75 %	11. 72 %
13 ¥	668, 911, 360	27. 33 %	● 27. 26 %
14 ¥	● 757, 117, 967	30. 93 %	30. 86 %
15 ¥	364, 041, 832	14. 87 %	● 14. 84 %
小計③=¥	● 2, 447, 700, 851	100 %	
16 ¥	2, 704	0. 05 %	0. 00 %
17 ¥	636, 600	10. 65 %	● 0. 03 %
18 ¥	● 417	0. 01 %	0. 00 %
19 ¥	14, 495	● 0. 24 %	0. 00 %
20 ¥	● 5, 322, 196	89. 05 %	0. 22 %
小計④=¥	5, 976, 412	100 %	
合計=¥	● 2, 453, 677, 263		100 %

除算解答（●印1箇所5点×20箇所）

	答		
1	● 8, 527	33. 87 %	33. 85 %
2	7, 980	31. 69 %	● 31. 68 %
3	3, 706	14. 72 %	14. 71 %
4	● 4, 312	17. 13 %	17. 12 %
5	654	● 2. 60 %	2. 60 %
小計①=	● 25, 179	100 %	
6	9. 6875	91. 55 %	● 0. 04 %
7	0. 1248	● 1. 18 %	0. 00 %
8	● 0. 5163	4. 88 %	0. 00 %
9	● 0. 2039	1. 93 %	0. 00 %
10	0. 0491	● 0. 46 %	0. 00 %
小計②=	10. 5816	100 %	
合計=	25, 189. 5816		100 %
11 ¥	2, 984	5. 82 %	3. 62 %
12 ¥	● 34, 071	66. 40 %	41. 31 %
13 ¥	6, 759	● 13. 17 %	8. 19 %
14 ¥	1, 608	3. 13 %	● 1. 95 %
15 ¥	● 5, 892	11. 48 %	7. 14 %
小計③=¥	● 51, 314	100 %	
16 ¥	6, 245	20. 03 %	● 7. 57 %
17 ¥	416	1. 33 %	0. 50 %
18 ¥	● 7, 350	23. 58 %	8. 91 %
19 ¥	8, 137	26. 10 %	● 9. 86 %
20 ¥	9, 023	● 28. 95 %	10. 94 %
小計④=¥	● 31, 171	100 %	
合計=¥	82, 485		100 %

複合算解答（1題5点×20題）

	答
1	−3, 147, 941, 890
2	6, 548, 382, 655
3	8, 326, 252, 492
4	377, 525, 784
5	9, 989
6	4, 837, 052, 105
7	1, 428, 114, 058
8	16, 033, 468
9	12, 138, 190, 684
10	2, 582, 321, 970
11	20, 991
12	−904
13	41, 788, 562, 549
14	6, 900, 000, 000
15	23, 573
16	567
17	8, 173
18	57
19	7, 581, 162, 652
20	768

見取算解答（1題10点×10題）

	答
1	¥ 212, 977, 470
2	¥ 158, 539, 692
3	¥ 87, 680, 499
4	¥ 176, 613, 015
5	¥ −25, 738, 373
6	¥ 96, 218, 095
7	¥ 176, 413, 767
8	¥ 212, 266, 572
9	¥ 44, 693, 593
10	¥ 257, 776, 845

伝票算解答（1題10点×10題）

	答
1	¥ 31, 998, 953
2	¥ 32, 016, 445
3	¥ 21, 308, 519
4	¥ 38, 579, 713
5	¥ 20, 739, 791
6	¥ 24, 078, 971
7	¥ 28, 365, 109
8	¥ 30, 416, 546
9	¥ 25, 464, 742
10	¥ 28, 092, 935

※検定試験時の採点箇所は、●印のついた20箇所です。
※タブスイッチのない電卓で計算した場合、上記のとおりにならないことがあります。

第14回

■1種目100点を満点とし、各種目とも得点70点以上を合格とする。
■乗算・除算は解答表の●印のついた箇所（1箇所5点、各20箇所）だけを採点する。

乗算解答（●印1箇所5点×20箇所）

	答		
1	483, 129, 009	23. 11 %	● 23. 11 %
2	● 155, 980, 600	7. 46 %	7. 46 %
3	619, 856, 866	● 29. 65 %	29. 65 %
4	717, 480, 280	34. 32 %	● 34. 32 %
5	● 113, 985, 298	5. 45 %	5. 45 %
小計①=	2, 090, 432, 053	100 %	
6	● 35. 8092	0. 33 %	0. 00 %
7	0. 0624	0. 00 %	0. 00 %
8	3. 8472	● 0. 04 %	0. 00 %
9	● 4, 909. 0064	45. 58 %	0. 00 %
10	5, 820. 3616	● 54. 05 %	0. 00 %
小計②=	● 10, 769. 0868	100 %	
合計=	2, 090, 442, 822. 08		100 %
11 ¥	● 90, 488, 523	5. 74 %	5. 48 %
12 ¥	366, 310, 131	23. 23 %	22. 20 %
13 ¥	207, 332, 498	13. 15 %	● 12. 56 %
14 ¥	94, 196, 640	● 5. 97 %	5. 71 %
15 ¥	818, 846, 411	51. 92 %	● 49. 62 %
小計③=¥	● 1, 577, 174, 203	100 %	
16 ¥	● 894	0. 00 %	0. 00 %
17 ¥	6, 278, 514	● 8. 59 %	0. 38 %
18 ¥	● 16, 335	0. 02 %	0. 00 %
19 ¥	25, 329	0. 03 %	0. 00 %
20 ¥	66, 747, 538	91. 35 %	● 4. 04 %
小計④=¥	73, 068, 610	100 %	
合計=¥	● 1, 650, 242, 813		100 %

除算解答（●印1箇所5点×20箇所）

	答		
1	9, 316	48. 34 %	● 48. 32 %
2	● 1, 482	7. 69 %	7. 69 %
3	5, 730	29. 73 %	● 29. 72 %
4	648	3. 36 %	3. 36 %
5	2, 095	● 10. 87 %	10. 87 %
小計①=	● 19, 271	100 %	
6	8. 6529	84. 38 %	● 0. 04 %
7	● 0. 3907	3. 81 %	0. 00 %
8	● 0. 4681	4. 56 %	0. 00 %
9	0. 7154	● 6. 98 %	0. 00 %
10	● 0. 0273	0. 27 %	0. 00 %
小計②=	10. 2544	100 %	
合計=	19, 281. 2544		100 %
11 ¥	● 7, 583	6. 48 %	5. 41 %
12 ¥	4, 962	4. 24 %	● 3. 54 %
13 ¥	2, 804	● 2. 39 %	2. 00 %
14 ¥	● 95, 031	81. 15 %	67. 84 %
15 ¥	6, 719	5. 74 %	4. 80 %
小計③=¥	● 117, 099	100 %	
16 ¥	8, 247	35. 88 %	5. 89 %
17 ¥	3, 125	● 13. 60 %	2. 23 %
18 ¥	● 536	2. 33 %	0. 38 %
19 ¥	9, 408	40. 93 %	● 6. 72 %
20 ¥	1, 670	● 7. 27 %	1. 19 %
小計④=¥	● 22, 986	100 %	
合計=¥	140, 085		100 %

複合算解答（1題5点×20題）

	答
1	1, 403, 805, 736
2	3, 468, 812, 601
3	2, 697, 510, 888
4	61, 591, 328, 967
5	6, 682, 728, 547
6	250, 846, 430
7	3, 277, 947, 790
8	8, 276
9	41, 857, 319, 917
10	−7, 888, 259, 425
11	94
12	3, 304
13	12, 972
14	4, 430, 732, 124
15	7, 832, 643
16	−793
17	852
18	5, 379
19	5, 280, 000, 000
20	908

見取算解答（1題10点×10題）

	答
1	¥ 167, 283, 093
2	¥ 230, 308, 302
3	¥ 89, 447, 018
4	¥ 257, 644, 218
5	¥ −13, 853, 039
6	¥ 76, 364, 241
7	¥ 185, 799, 075
8	¥ 176, 664, 696
9	¥ 66, 687, 751
10	¥ 149, 424, 486

伝票算解答（1題10点×10題）

	答
1	¥ 29, 391, 347
2	¥ 31, 535, 530
3	¥ 24, 935, 924
4	¥ 38, 579, 416
5	¥ 20, 779, 418
6	¥ 27, 947, 801
7	¥ 28, 836, 655
8	¥ 28, 210, 826
9	¥ 25, 465, 048
10	¥ 28, 118, 909

※検定試験時の採点箇所は、●印のついた20箇所です。
※タブスイッチのない電卓で計算した場合、上記のとおりにならないことがあります。

第15回

■1種目100点を満点とし、各種目とも得点70点以上を合格とする。
■乗算・除算は解答表の●印のついた箇所（1箇所5点、各20箇所）だけを採点する。

乗算解答（●印1箇所5点×20箇所）

No.		答	%	%
1		595, 399, 893	34. 20%	● 34. 20%
2		398, 440, 104	● 22. 89%	22. 89%
3		● 559, 083, 840	32. 12%	32. 12%
4		97, 825, 420	5. 62%	5. 62%
5		89, 978, 323	5. 17%	● 5. 17%
小計①=		● 1, 740, 727, 580	100 %	
6		10, 287. 4744	● 58. 30%	0. 00%
7		0. 0629	0. 00%	0. 00%
8		7, 316. 7507	● 41. 46%	0. 00%
9		● 41. 9508	0. 24%	0. 00%
10		● 0. 9006	0. 01%	0. 00%
小計②=		● 17, 647. 1394	100 %	
合計=		1, 740, 745, 227. 13		100 %
11	￥	● 394, 642, 589	33. 09%	32. 95%
12	￥	236, 247, 904	19. 81%	● 19. 72%
13	￥	57, 782, 760	4. 84%	4. 82%
14	￥	79, 707, 729	6. 68%	● 6. 65%
15	￥	424, 329, 216	● 35. 58%	35. 43%
小計③=￥		● 1, 192, 710, 198	100 %	
16	￥	15, 855	0. 31%	0. 00%
17	￥	● 6, 963	0. 14%	0. 00%
18	￥	5, 000, 528	97. 90%	● 0. 42%
19	￥	45, 516	● 0. 89%	0. 00%
20	￥	● 39, 130	0. 77%	0. 00%
小計④=￥		5, 107, 992	100 %	
合計=￥		● 1, 197, 818, 190		100 %

除算解答（●印1箇所5点×20箇所）

No.		答	%	%
1		4, 590	20. 63%	20. 63%
2		587	2. 64%	● 2. 64%
3		9, 126	● 41. 03%	41. 01%
4		1, 738	7. 81%	● 7. 81%
5		● 6, 203	27. 89%	27. 87%
小計①=		● 22, 244	100 %	
6		● 0. 0184	0. 19%	0. 00%
7		0. 2951	3. 00%	0. 00%
8		8. 4375	85. 90%	● 0. 04%
9		● 0. 7062	7. 19%	0. 00%
10		0. 3649	● 3. 72%	0. 00%
小計②=		9. 8221	100 %	
合計=		● 22, 253. 8221		100 %
11	￥	7, 913	● 13. 56%	10. 39%
12	￥	● 30, 857	52. 86%	40. 50%
13	￥	9, 568	16. 39%	12. 56%
14	￥	● 1, 429	2. 45%	1. 88%
15	￥	8, 604	14. 74%	● 11. 29%
小計③=￥		● 58, 371	100 %	
16	￥	5, 071	28. 47%	● 6. 66%
17	￥	482	● 2. 71%	0. 63%
18	￥	2, 396	13. 45%	3. 14%
19	￥	● 3, 125	17. 54%	4. 10%
20	￥	6, 740	● 37. 84%	8. 85%
小計④=￥		● 17, 814	100 %	
合計=￥		76, 185		100 %

※検定試験時の採点箇所は、●印のついた20箇所です。
※タブスイッチのない電卓で計算した場合、上記のとおりにならないことがあります。

複合算解答（1題5点×20題）

No.	答
1	9, 659
2	8, 005, 583, 664
3	5, 226, 000, 000
4	817
5	694
6	5, 498, 552, 848
7	7, 542, 363, 133
8	28, 529, 261, 945
9	7, 063
10	4, 748, 717, 218
11	−3, 628, 986, 210
12	9, 743
13	158, 702, 956
14	3, 471, 433, 118
15	3, 885
16	10, 087
17	25, 757, 908, 512
18	−928
19	4, 325, 294, 095
20	687, 830

見取算解答（1題10点×10題）

No.		答
1	￥	212, 417, 265
2	￥	185, 435, 526
3	￥	71, 515, 496
4	￥	176, 954, 610
5	￥	−38, 248, 238
6	￥	31, 699, 052
7	￥	211, 329, 205
8	￥	176, 533, 215
9	￥	92, 093, 177
10	￥	212, 494, 857

伝票算解答（1題10点×10題）

No.		答
1	￥	29, 389, 025
2	￥	31, 552, 234
3	￥	24, 935, 888
4	￥	35, 551, 294
5	￥	21, 058, 535
6	￥	27, 955, 595
7	￥	28, 826, 665
8	￥	28, 211, 006
9	￥	28, 298, 491
10	￥	27, 709, 643

主催　公益社団法人　全国経理教育協会
後援　文部科学省

電卓計算能力検定模擬試験

伝票算解答用紙

採　点　欄

級　受験番号

No.	
1	
2	
3	
4	
5	
6	
7	
8	
9	
10	

主催　公益社団法人　全国経理教育協会
後援　文部科学省

電卓計算能力検定模擬試験

伝票算解答用紙

採　点　欄

級　受験番号

No.	
1	
2	
3	
4	
5	
6	
7	
8	
9	
10	

主催　公益社団法人　全国経理教育協会
後援　文部科学省

電卓計算能力検定模擬試験

伝票算解答用紙

採　点　欄

級　受験番号

No.	
1	
2	
3	
4	
5	
6	
7	
8	
9	
10	

主催　公益社団法人　全国経理教育協会
後援　文部科学省

電卓計算能力検定模擬試験

伝票算解答用紙

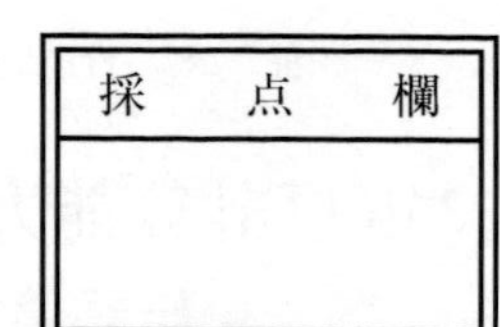

級　受験番号

No.	
1	
2	
3	
4	
5	
6	
7	
8	
9	
10	

主催　公益社団法人　全国経理教育協会
後援　文部科学省

電卓計算能力検定模擬試験

伝票算解答用紙

採　点　欄

級　受験番号

No.	
1	
2	
3	
4	
5	
6	
7	
8	
9	
10	

主催　公益社団法人　全国経理教育協会
後援　文部科学省

電卓計算能力検定模擬試験

伝票算解答用紙

採　点　欄

級　受験番号

No.	
1	
2	
3	
4	
5	
6	
7	
8	
9	
10	

主催　公益社団法人　全国経理教育協会
後援　文部科学省

電卓計算能力検定模擬試験

伝票算解答用紙

採　点　欄

級　受験番号

No.	
1	
2	
3	
4	
5	
6	
7	
8	
9	
10	

主催　公益社団法人　全国経理教育協会
後援　文部科学省

電卓計算能力検定模擬試験

伝票算解答用紙

採　点　欄

級　受験番号

No.	
1	
2	
3	
4	
5	
6	
7	
8	
9	
10	

主催　公益社団法人　全国経理教育協会
後援　文部科学省

電卓計算能力検定模擬試験

伝票算解答用紙

採　点　欄

級　受験番号

No.	
1	
2	
3	
4	
5	
6	
7	
8	
9	
10	

主催　公益社団法人　全国経理教育協会
後援　文部科学省

電卓計算能力検定模擬試験

伝票算解答用紙

採　点　欄

級　受験番号

No.	
1	
2	
3	
4	
5	
6	
7	
8	
9	
10	

主催　公益社団法人　全国経理教育協会
後援　文部科学省

電卓計算能力検定模擬試験

伝票算解答用紙

採　点　欄

級　受験番号

No.	
1	
2	
3	
4	
5	
6	
7	
8	
9	
10	

主催　公益社団法人　全国経理教育協会
後援　文部科学省

電卓計算能力検定模擬試験

伝票算解答用紙

採　点　欄

級　受験番号

No.	
1	
2	
3	
4	
5	
6	
7	
8	
9	
10	

主催　公益社団法人　全国経理教育協会
後援　文部科学省

電卓計算能力検定模擬試験

伝票算解答用紙

採　点　欄

級　受験番号

No.	
1	
2	
3	
4	
5	
6	
7	
8	
9	
10	

主催　公益社団法人　全国経理教育協会
後援　文部科学省

電卓計算能力検定模擬試験

伝票算解答用紙

採　点　欄

級　受験番号

No.	
1	
2	
3	
4	
5	
6	
7	
8	
9	
10	

主催　公益社団法人　全国経理教育協会
後援　文部科学省

電卓計算能力検定模擬試験

伝票算解答用紙

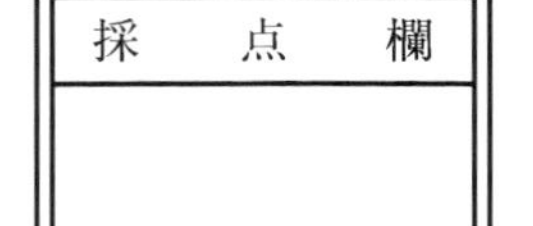

級　受験番号

No.	
1	
2	
3	
4	
5	
6	
7	
8	
9	
10	

主催　公益社団法人　全国経理教育協会
後援　文部科学省

電卓計算能力検定模擬試験

伝票算解答用紙

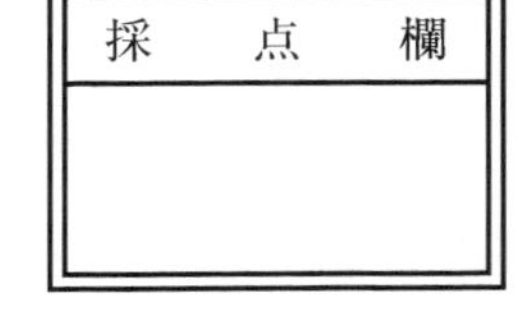

級　受験番号

No.	
1	
2	
3	
4	
5	
6	
7	
8	
9	
10	

主催　公益社団法人　全国経理教育協会　　後援　文部科学省

第15回電卓計算能力検定模擬試験

2級　複合算問題　（制限時間10分）

採点欄

（注意）整数未満の端数が出たときは切り捨てること。ただし、端数処理は１題の解答について行うのではなく、１計算ごとに行うこと。

受験番号

No.	
1	(769.503 × 301.258) ÷ (19.864 ÷ 0.816) =
2	(89,735 − 5,027) × (98,581 − 4,073) =
3	(54,863 + 25,537) × (10,956 + 54,044) =
4	(65,554,684 − 39,167,218) ÷ (32,758 − 460) =
5	(51,397,207 − 18,459,273) ÷ (48,230 − 769) =
6	(96,542 − 31,780) × (68,529 + 16,375) =
7	95,316 × 79,130 + 74,788,211 ÷ 9,287 =
8	14,004,739 ÷ 6,971 + 80,562 × 354,128 =
9	(130,675,924 + 440,318,185) ÷ (81,367 − 524) =
10	(3,521 + 46,812) × (92,840 + 1,506) =
11	36,270 × 24,856 − 71,865 × 63,042 =
12	(974.368 ÷ 0.0125) ÷ (7.329 ÷ 0.8279) =
13	8,047 × 19,723 − 63,100,575 ÷ 7,863 =
14	42,870 × 80,976 − 55,469,864 ÷ 6,932 =
15	348.169 ÷ 0.0859 − 156.308 ÷ 0.928 =
16	25,279,631 ÷ 9,871 + 29,283,666 ÷ 3,891 =
17	(479.408 + 710,436.592) × (36,512 − 280) =
18	(20,637,485 + 56,496,019) ÷ (497 − 83,615) =
19	68,512,576 ÷ 6,974 + 52,943 × 81,697 =
20	(78.542 ÷ 0.0964) × (2,496.379 ÷ 2.951) =

主催　公益社団法人　全国経理教育協会　　後援　文部科学省

第15回電卓計算能力検定模擬試験

2級　見取算問題　(制限時間10分)

採　点　欄

受験番号

No.	(1)	(2)	(3)	(4)	(5)
1	¥ 1, 584, 039	¥ 31, 095, 428	¥ 94, 863, 127	¥ 6, 371	¥ 487, 062
2	26, 048, 973	146, 059	5, 630, 248	2, 859, 613	−4, 513
3	876, 250	6, 259, 871	−60, 925, 314	548, 230	379, 520
4	9, 247	9, 630, 712	149, 870	920, 467	3, 546, 812
5	395, 786	28, 695	−741, 592	86, 312, 709	23, 905
6	90, 183, 462	850, 674	−8, 310, 452	275, 964	−12, 798
7	672, 509	364, 017	478, 065	84, 057	10, 896, 735
8	4, 920, 638	92, 786	31, 507, 926	4, 127, 396	9, 742, 183
9	8, 261, 495	73, 964	−92, 643	10, 657, 983	−6, 125, 409
10	13, 864	80, 217, 549	−4, 387	9, 018, 542	−74, 218, 350
11	75, 192, 308	1, 203	−21, 763	7, 803, 195	25, 301, 697
12	57, 180	587, 360	2, 016, 589	53, 746, 021	−960, 241
13	431, 076	42, 708, 135	−378, 405	39, 684	675, 984
14	3, 705, 921	7, 946, 183	59, 031	61, 508	−8, 034, 671
15	64, 517	5, 432, 890	7, 285, 196	492, 870	53, 846
計					

No.	(6)	(7)	(8)	(9)	(10)
1	¥ 29, 865	¥ 749, 320	¥ 80, 419, 325	¥ 2, 075, 193	¥ 301, 956
2	−79, 108, 362	60, 713	9, 731, 450	348, 276	2, 876, 409
3	512, 036	5, 012, 864	59, 346	40, 139, 782	90, 761, 542
4	1, 280, 674	378, 156	3, 642, 175	−9, 821, 460	5, 210, 639
5	95, 407	4, 283, 067	170, 283	753, 091	645, 370
6	−1, 689	51, 278	41, 057, 638	−13, 964, 805	38, 216
7	8, 436, 290	67, 802, 459	7, 430, 852	7, 210, 836	924, 735
8	926, 750	935, 240	326, 019	−2, 678	13, 542, 897
9	−5, 732, 941	157, 092	62, 871	−39, 754	7, 208
10	−674, 893	23, 985	25, 894, 736	56, 490, 381	89, 743
11	3, 057, 184	32, 496, 108	1, 907	−673, 520	453, 617
12	−349, 718	4, 516	518, 462	87, 045	7, 180, 352
13	42, 863, 501	8, 695, 341	85, 914	915, 624	14, 968
14	−87, 025	147, 639	203, 697	68, 947	84, 395, 021
15	60, 451, 973	90, 531, 427	6, 928, 540	8, 506, 219	6, 052, 184
計					

主催　公益社団法人　全国経理教育協会　　後援　文部科学省

第15回電卓計算能力検定模擬試験

2級　除算問題　（制限時間10分）

（注意）無名数で小数第4位未満の端数が出たとき、名数で円位未満の端数が出たとき、パーセントの小数第2位未満の端数が出たときは四捨五入すること。

採点欄

【禁無断転載】

受験番号

No.	問題		
1	36,899,010 ÷ 8,039 =	%	%
2	42,820,476 ÷ 72,948 =	%	%
3	61,609,626 ÷ 6,751 =	%	%
4	8,968,080 ÷ 5,160 =	%	%
5	21,660,876 ÷ 3,492 =	%	%
	No.1～No.5　小　計 ①	100 %	
6	0.0851 ÷ 4.625 =	%	%
7	4.671433 ÷ 15.83 =	%	%
8	1.8225 ÷ 0.216 =	%	%
9	0.06172549 ÷ 0.0874 =	%	%
10	3,395.7508 ÷ 9,307 =	%	%
	No.6～No.10　小　計 ②	100 %	
	(小計 ①＋②) 合　計		100 %
11	¥ 16,150,433 ÷ 2,041 =	%	%
12	¥ 6,047,972 ÷ 196 =	%	%
13	¥ 52,451,776 ÷ 5,482 =	%	%
14	¥ 9,892,967 ÷ 6,923 =	%	%
15	¥ 67,541,400 ÷ 7,850 =	%	%
	No.11～No.15　小　計 ③	100 %	
16	¥ 323 ÷ 0.0637 =	%	%
17	¥ 4,420,181 ÷ 9,170.5 =	%	%
18	¥ 842 ÷ 0.3514 =	%	%
19	¥ 1,365 ÷ 0.4368 =	%	%
20	¥ 5,580,046 ÷ 827.9 =	%	%
	No.16～No.20　小　計 ④	100 %	
	(小計 ③＋④) 合　計		100 %

主催　公益社団法人　全国経理教育協会　　後援　文部科学省

第15回電卓計算能力検定模擬試験

2級　乗算問題　(制限時間10分)

採　点　欄

(注意) 無名数で小数第4位未満の端数が出たとき、名数で円位未満の端数が出たとき、パーセントの小数第2位未満の端数が出たときは四捨五入すること。

受験番号

No.	問題						
1	9,427	×	63,159	=		%	%
2	73,608	×	5,413	=		%	%
3	56,910	×	9,824	=		%	%
4	35,189	×	2,780	=		%	%
5	12,743	×	7,061	=		%	%
	No.1～No.5　小　計 ①					100 %	
6	825.64	×	12.46	=		%	%
7	0.67092	×	0.0938	=		%	%
8	2,049.51	×	3.57	=		%	%
9	48.375	×	0.8672	=		%	%
10	0.01836	×	49.05	=		%	%
	No.6～No.10　小　計 ②					100 %	
	(小計 ①＋②) 合　計						100 %
11	¥ 875,039	×	451	=		%	%
12	¥ 30,176	×	7,829	=		%	%
13	¥ 29,481	×	1,960	=		%	%
14	¥ 14,907	×	5,347	=		%	%
15	¥ 68,352	×	6,208	=		%	%
	No.11～No.15　小　計 ③					100 %	
16	¥ 7,248	×	2.1875	=		%	%
17	¥ 93,714	×	0.0743	=		%	%
18	¥ 16,580	×	301.6	=		%	%
19	¥ 52,963	×	0.8594	=		%	%
20	¥ 40,625	×	0.9632	=		%	%
	No.16～No.20　小　計 ④					100 %	
	(小計 ③＋④) 合　計						100 %

主催　公益社団法人　全国経理教育協会　　後援　文部科学省

第14回電卓計算能力検定模擬試験

2級　複合算問題　(制限時間10分)

採点欄

(注意) 整数未満の端数が出たときは切り捨てること。ただし、端数処理は1題の解答について行うのではなく、1計算ごとに行うこと。

受験番号

No.	
1	(9,183 + 54,329) × (20,478 + 1,625) =
2	83,245 × 41,670 − 31,225,632 ÷ 4,768 =
3	35,467,357 ÷ 6,739 + 64,375 × 41,903 =
4	(641.629 + 801,945.371) × (76,908 − 167) =
5	72,054 × 92,746 + 77,184,683 ÷ 9,341 =
6	3,549 × 70,683 − 63,288,189 ÷ 8,397 =
7	(98,613 − 2,075) × (39,984 − 6,029) =
8	(129,047,364 + 584,856,948) ÷ (86,510 − 248) =
9	28,786,178 ÷ 6,794 + 58,490 × 715,632 =
10	21,435 × 47,980 − 94,783 × 94,075 =
11	(203.536 ÷ 0.0857) ÷ (8.937 ÷ 0.3504) =
12	(857.368 × 504.893) ÷ (81.471 ÷ 0.621) =
13	47,653,976 ÷ 7,912 + 26,572,976 ÷ 3,824 =
14	(58,640 − 12,307) × (43,652 + 51,976) =
15	(59.821 ÷ 0.0271) × (9,416.701 ÷ 2.653) =
16	(19,220,060 + 30,694,532) ÷ (145 − 63,089) =
17	(69,307,847 − 28,142,615) ÷ (48,576 − 260) =
18	497.651 ÷ 0.0904 − 105.429 ÷ 0.842 =
19	(44,622 + 19,378) × (23,064 + 59,436) =
20	(79,318,972 − 32,695,896) ÷ (52,087 − 740) =

主催　公益社団法人　全国経理教育協会　　後援　文部科学省

第14回電卓計算能力検定模擬試験

2級　見取算問題　（制限時間10分）

採点欄

受験番号

No.	(1)	(2)	(3)	(4)	(5)
1	¥ 497, 620	¥ 837, 952	¥ 9, 483, 160	¥ 510, 279	¥ 531, 590
2	740, 592	6, 897	41, 803, 725	28, 691	−80, 132, 974
3	1, 832, 497	6, 718, 024	−9, 751	4, 657, 980	−397, 658
4	59, 078, 634	569, 704	−6, 928, 401	2, 938, 054	15, 349
5	53, 918	30, 169	62, 487	90, 461, 728	5, 426, 108
6	647, 038	1, 365, 870	−316, 902	872, 415	−79, 851
7	27, 104, 853	98, 207, 435	−8, 694, 573	93, 607	−927, 461
8	86, 571	89, 456	−57, 913	81, 306, 459	250, 734
9	3, 215, 806	423, 510	−23, 071, 548	719, 832	36, 709, 285
10	1, 967	946, 283	735, 094	3, 520, 178	−4, 760, 312
11	4, 316, 729	14, 972	−176, 235	164, 703	9, 584, 023
12	8, 530, 269	40, 651, 798	45, 826	7, 241, 563	48, 965
13	60, 189, 375	75, 083, 241	70, 529, 314	5, 286	12, 068, 537
14	25, 084	3, 172, 605	210, 689	34, 096	−2, 416
15	962, 140	2, 190, 386	5, 832, 046	65, 089, 347	7, 813, 042
計					

No.	(6)	(7)	(8)	(9)	(10)
1	¥ 86, 145, 970	¥ 5, 143, 029	¥ 64, 907, 381	¥ 932, 560	¥ 10, 287, 354
2	−826, 530	87, 039, 564	362, 714	73, 891	631, 507
3	−30, 784, 691	68, 942	2, 851, 049	3, 480, 276	29, 185
4	652, 931	492, 175	428, 165	−6, 718	3, 512, 049
5	37, 128	1, 625, 380	13, 089, 752	91, 064, 532	897, 635
6	7, 403, 256	40, 576, 821	85, 423	157, 903	2, 460, 918
7	−9, 741, 053	310, 974	5, 640, 172	7, 298, 340	53, 462
8	94, 315	9, 847, 512	173, 509	576, 089	69, 305, 871
9	−1, 289	82, 350	70, 214, 936	−58, 301, 624	4, 539
10	217, 804	751, 643	96, 251	−23, 478	8, 146, 790
11	−4, 372, 096	32, 604, 197	8, 475, 320	−4, 682, 705	791, 246
12	−78, 602	18, 736	2, 683	20, 714, 659	5, 278, 013
13	1, 956, 487	6, 953, 201	41, 937	−839, 216	47, 065, 382
14	25, 069, 748	5, 483	760, 598	6, 195, 047	926, 408
15	590, 863	279, 068	9, 534, 806	48, 195	34, 127
計					

主催　公益社団法人　全国経理教育協会　　後援　文部科学省

第14回電卓計算能力検定模擬試験

2級　除算問題　（制限時間10分）

採点欄

（注意）無名数で小数第4位未満の端数が出たとき、名数で円位未満の端数が出たとき、パーセントの小数第2位未満の端数が出たときは四捨五入すること。

受験番号

No.	問題					
1	83,238,460	÷	8,935	=	%	%
2	9,262,500	÷	6,250	=	%	%
3	52,183,110	÷	9,107	=	%	%
4	30,667,248	÷	47,326	=	%	%
5	11,482,695	÷	5,481	=	%	%
	No.1～No.5　小　計 ①				100 %	
6	6.4291047	÷	0.743	=	%	%
7	1,022.9643	÷	2,618	=	%	%
8	14.333222	÷	30.62	=	%	%
9	0.06288116	÷	0.0879	=	%	%
10	0.0435162	÷	1.594	=	%	%
	No.6～No.10　小　計 ②				100 %	
	（小計 ①＋②）合　計					100 %
11	¥ 44,891,360	÷	5,920	=	%	%
12	¥ 10,737,768	÷	2,164	=	%	%
13	¥ 23,657,348	÷	8,437	=	%	%
14	¥ 36,681,966	÷	386	=	%	%
15	¥ 47,308,479	÷	7,041	=	%	%
	No.11～No.15　小　計 ③				100 %	
16	¥ 428	÷	0.0519	=	%	%
17	¥ 301,000	÷	96.32	=	%	%
18	¥ 96	÷	0.17903	=	%	%
19	¥ 6,468	÷	0.6875	=	%	%
20	¥ 711,086	÷	425.8	=	%	%
	No.16～No.20　小　計 ④				100 %	
	（小計 ③＋④）合　計					100 %

主催　公益社団法人　全国経理教育協会　　後援　文部科学省

第14回電卓計算能力検定模擬試験

2級　乗算問題（制限時間10分）

採点欄

（注意）無名数で小数第４位未満の端数が出たとき、名数で円位未満の端数が出たとき、パーセントの小数第２位未満の端数が出たときは四捨五入すること。

受験番号

No.	問題					
1	56,093	×	8,613	=	%	%
2	21,785	×	7,160	=	%	%
3	94,678	×	6,547	=	%	%
4	79,420	×	9,034	=	%	%
5	382,501	×	298	=	%	%
No.1～No.5　小計 ①					100 %	
6	83.52	×	0.42875	=	%	%
7	0.65497	×	0.0952	=	%	%
8	0.07139	×	53.89	=	%	%
9	13.264	×	370.1	=	%	%
10	4,081.6	×	1.426	=	%	%
No.6～No.10　小計 ②					100 %	
（小計 ①＋②）合計						100 %
11	¥ 43,651	×	2,073	=	%	%
12	¥ 6,249	×	58,619	=	%	%
13	¥ 30,517	×	6,794	=	%	%
14	¥ 27,068	×	3,480	=	%	%
15	¥ 89,423	×	9,157	=	%	%
No.11～No.15　小計 ③					100 %	
16	¥ 15,904	×	0.0562	=	%	%
17	¥ 761,032	×	8.25	=	%	%
18	¥ 84,375	×	0.1936	=	%	%
19	¥ 58,796	×	0.4308	=	%	%
20	¥ 92,180	×	724.1	=	%	%
No.16～No.20　小計 ④					100 %	
（小計 ③＋④）合計						100 %

主催　公益社団法人　全国経理教育協会　　後援　文部科学省

第13回電卓計算能力検定模擬試験

2級　複合算問題　（制限時間10分）

採点欄

（注意）整数未満の端数が出たときは切り捨てること。ただし、端数処理は１題の解答について行うのではなく、１計算ごとに行うこと。

受験番号

No.	
1	15, 472 × 69, 380 − 43, 875 × 96, 214 ＝
2	(92, 654 − 4, 039) × (76, 918 − 3, 021) ＝
3	92, 368 × 90, 142 ＋ 96, 376, 896 ÷ 5, 936 ＝
4	4, 627 × 81, 593 − 32, 308, 529 ÷ 6, 427 ＝
5	35, 315, 070 ÷ 7, 385 ＋ 23, 941, 786 ÷ 4, 598 ＝
6	(65, 943 − 2, 678) × (1, 832 ＋ 74, 625) ＝
7	(7, 263 ＋ 68, 495) × (15, 603 ＋ 3, 248) ＝
8	(83. 596 ÷ 0. 0121) × (8, 935. 71 ÷ 3. 849) ＝
9	(426. 738 ＋ 190, 825. 262) × (63, 710 − 243) ＝
10	62, 835 × 41, 097 − 74, 480, 025 ÷ 9, 281 ＝
11	(764. 821 × 905. 723) ÷ (19. 841 ÷ 0. 596) ＝
12	(10, 728, 154 ＋ 57, 149, 590) ÷ (294 − 75, 380) ＝
13	34, 489, 341 ÷ 7, 649 ＋ 51, 620 × 809, 542 ＝
14	(59, 892 ＋ 32, 108) × (46, 307 ＋ 28, 693) ＝
15	748. 237 ÷ 0. 0301 − 345. 849 ÷ 0. 269 ＝
16	(84, 165, 219 − 52, 046, 937) ÷ (57, 293 − 647) ＝
17	(279, 117, 175 ＋ 390, 145, 276) ÷ (82, 037 − 150) ＝
18	(236. 159 ÷ 0. 0784) ÷ (9. 568 ÷ 0. 1834) ＝
19	56, 067, 256 ÷ 8, 594 ＋ 90, 584 × 83, 692 ＝
20	(80, 543, 950 − 27, 561, 934) ÷ (69, 452 − 465) ＝

主催　公益社団法人　全国経理教育協会　　後援　文部科学省

第13回電卓計算能力検定模擬試験

2 級　見取算問題 (制限時間10分)

採　点　欄

受験番号

No.	(1)	(2)	(3)	(4)	(5)
1	¥ 750, 469	¥ 291, 785	¥ 53, 807, 492	¥ 8, 942, 531	¥ 51, 463
2	625, 371	48, 273	−7, 812, 039	91, 254	871, 539
3	60, 321, 758	9, 528, 063	495, 372	34, 106, 987	−3, 657
4	5, 814, 920	810, 237	69, 581	1, 453, 790	4, 968, 250
5	8, 496, 107	7, 584	−83, 145	218, 046	6, 429, 701
6	193, 026	35, 948	−924, 165	526, 307	−9, 516, 028
7	76, 589	50, 319, 628	−6, 530, 847	90, 315, 862	5, 230, 986
8	2, 580, 134	164, 870	236, 704	37, 219	387, 146
9	31, 908, 645	1, 920, 456	−1, 273	4, 678	20, 814, 375
10	43, 278	46, 082, 319	−40, 159, 623	6, 870, 193	−73, 105, 284
11	4, 762, 093	2, 756, 190	−2, 658, 410	720, 589	790, 312
12	97, 068, 512	54, 617	1, 798, 506	478, 360	−45, 832
13	39, 405	38, 409, 762	346, 051	25, 083, 416	−24, 697
14	9, 817	7, 436, 901	89, 024, 367	7, 694, 025	18, 072, 493
15	287, 346	673, 059	71, 928	69, 758	−659, 140
計					

No.	(6)	(7)	(8)	(9)	(10)
1	¥ 71, 096, 583	¥ 36, 104, 287	¥ 169, 205	¥ 62, 984	¥ 8, 761
2	−92, 861	267, 093	67, 045, 381	4, 317, 506	1, 642, 590
3	40, 369, 825	7, 921, 450	21, 578	79, 608, 251	953, 072
4	236, 480	58, 912	3, 150, 894	−3, 415	60, 381, 249
5	68, 972	382, 574	496, 123	6, 480, 193	540, 637
6	9, 847, 302	8, 534, 906	5, 274, 306	−14, 759	39, 182
7	3, 750, 194	15, 628	80, 359, 721	738, 640	84, 705, 326
8	−725, 610	94, 028, 351	613, 489	3, 289, 076	5, 192, 804
9	−4, 318	695, 743	2, 536, 074	10, 576, 482	76, 531
10	83, 529	5, 736, 019	84, 162	825, 304	289, 745
11	6, 479, 051	20, 843, 596	41, 902, 857	51, 967	3, 591, 024
12	−8, 915, 746	71, 430	5, 643	−973, 218	427, 183
13	−541, 207	463, 871	740, 932	−8, 195, 620	92, 014, 367
14	−25, 604, 738	9, 142	9, 827, 510	27, 039	7, 850, 916
15	170, 639	1, 280, 765	38, 697	−52, 096, 837	63, 458
計					

主催　公益社団法人　全国経理教育協会　　後援　文部科学省

第13回電卓計算能力検定模擬試験

2級　除算問題　（制限時間10分）

採点欄

（注意）無名数で小数第４位未満の端数が出たとき、名数で円位未満の端数が出たとき、パーセントの小数第２位未満の端数が出たときは四捨五入すること。

【禁無断転載】

受験番号

No.	問題		
1	77,356,944 ÷ 9,072 =	%	%
2	55,484,940 ÷ 6,953 =	%	%
3	17,455,260 ÷ 4,710 =	%	%
4	36,052,632 ÷ 8,361 =	%	%
5	34,457,298 ÷ 52,687 =	%	%
	No.1～No.5 小計 ①	100 %	
6	2.4025 ÷ 0.248 =	%	%
7	39.88608 ÷ 319.6 =	%	%
8	3,823.0277 ÷ 7,405 =	%	%
9	0.01690682 ÷ 0.0829 =	%	%
10	0.753194 ÷ 15.34 =	%	%
	No.6～No.10 小計 ②	100 %	
	（小計 ①＋②）合計		100 %
11	¥ 11,094,512 ÷ 3,718 =	%	%
12	¥ 28,687,782 ÷ 842 =	%	%
13	¥ 31,476,663 ÷ 4,657 =	%	%
14	¥ 9,599,760 ÷ 5,970 =	%	%
15	¥ 12,320,172 ÷ 2,091 =	%	%
	No.11～No.15 小計 ③	100 %	
16	¥ 815,597 ÷ 130.6 =	%	%
17	¥ 325 ÷ 0.78125 =	%	%
18	¥ 724,269 ÷ 98.54 =	%	%
19	¥ 214 ÷ 0.0263 =	%	%
20	¥ 5,810 ÷ 0.6439 =	%	%
	No.16～No.20 小計 ④	100 %	
	（小計 ③＋④）合計		100 %

主催　公益社団法人　全国経理教育協会　　後援　文部科学省

第13回電卓計算能力検定模擬試験

２級　乗算問題（制限時間10分）

採　点　欄

（注意）無名数で小数第４位未満の端数が出たとき、名数で円位未満の端数が出たとき、パーセントの小数第２位未満の端数が出たときは四捨五入すること。

受験番号

No.	問題						
1		21, 054	×	3, 958	=	%	%
2		47, 391	×	5, 140	=	%	%
3		38, 702	×	9, 765	=	%	%
4		76, 985	×	6, 421	=	%	%
5		9, 460	×	78, 013	=	%	%
No. 1〜No. 5　小　計 ①						100 %	
6		628. 93	×	16. 09	=	%	%
7		0. 14637	×	0. 0572	=	%	%
8		0. 03518	×	23. 87	=	%	%
9		52, 017. 6	×	0. 834	=	%	%
10		85. 249	×	429. 6	=	%	%
No. 6〜No. 10　小　計 ②						100 %	
(小計 ① + ②) 合　計							100 %
11	¥	72, 809	×	5, 081	=	%	%
12	¥	635, 071	×	453	=	%	%
13	¥	84, 352	×	7, 930	=	%	%
14	¥	91, 783	×	8, 249	=	%	%
15	¥	59, 416	×	6, 127	=	%	%
No. 11〜No. 15　小　計 ③						100 %	
16	¥	36, 248	×	0. 0746	=	%	%
17	¥	67, 904	×	9. 375	=	%	%
18	¥	1, 597	×	0. 26104	=	%	%
19	¥	40, 625	×	0. 3568	=	%	%
20	¥	28, 130	×	189. 2	=	%	%
No. 16〜No. 20　小　計 ④						100 %	
(小計 ③ + ④) 合　計							100 %

主催　公益社団法人　全国経理教育協会　　後援　文部科学省

第12回電卓計算能力検定模擬試験

２級　複合算問題　（制限時間10分）

採　点　欄

【禁無断転載】

（注意）整数未満の端数が出たときは切り捨てること。ただし、端数処理は１題の解答について行うのではなく、１計算ごとに行うこと。

受験番号

No.	
1	(279.851 ÷ 0.0493) ÷ (8.0241 ÷ 0.7249) =
2	(60.909 ÷ 0.0391) × (8,275.63 ÷ 3.684) =
3	(247.913 × 932.587) ÷ (95.216 ÷ 0.349) =
4	(147,563,251 + 482,703,569) ÷ (86,319 − 264) =
5	(10,638,952 + 43,458,029) ÷ (105 − 96,192) =
6	42,377 × 94,714 + 25,271,688 ÷ 8,346 =
7	(97,852 − 8,015) × (59,804 − 1,376) =
8	(265.074 + 759,106.926) × (65,890 − 413) =
9	57,115,716 ÷ 7,548 + 62,480 × 479,065 =
10	31,457 × 23,680 − 78,142 × 59,368 =
11	(7,918 + 85,720) × (90,287 + 6,473) =
12	43,053,936 ÷ 5,371 + 28,967 × 94,075 =
13	(75,298 − 3,014) × (1,465 + 87,952) =
14	63,863,645 ÷ 6,893 + 36,117,891 ÷ 6,057 =
15	9,865 × 69,327 − 35,404,969 ÷ 7,057 =
16	67,493 × 16,825 − 49,259,516 ÷ 5,981 =
17	(37,854 + 54,546) × (70,382 + 15,118) =
18	(56,706,220 − 17,094,362) ÷ (42,653 − 780) =
19	(81,545,980 − 29,408,752) ÷ (58,374 − 250) =
20	802.149 ÷ 0.0258 − 742.508 ÷ 0.541 =

主催　公益社団法人　全国経理教育協会　　後援　文部科学省

第12回電卓計算能力検定模擬試験

2級　見取算問題　（制限時間10分）

採　点　欄

受験番号

No.	(1)	(2)	(3)	(4)	(5)
1	¥ 907, 634	¥ 4, 793, 061	¥ 80, 163, 594	¥ 69, 243, 507	¥ 68, 530
2	3, 278, 951	271, 086	52, 087	780, 149	937, 128
3	5, 162	1, 239	−61, 453	3, 564, 792	23, 945
4	62, 580	497, 318	−927, 318	27, 659	−829, 754
5	23, 098	364, 507	−2, 304, 971	1, 470, 862	−4, 503
6	95, 840, 271	25, 904	746, 025	31, 725	−3, 598, 261
7	2, 731, 608	52, 940, 178	−5, 491, 863	249, 318	−12, 487
8	194, 895	60, 517, 423	−76, 540, 982	685, 903	4, 315, 879
9	570, 346	9, 038, 765	9, 072, 531	56, 187	340, 926
10	40, 685, 219	59, 684	−3, 246	865, 910	−59, 607, 312
11	7, 392, 014	73, 802, 146	−1, 836, 724	50, 692, 874	6, 270, 415
12	8, 647, 950	986, 320	689, 105	8, 536	20, 176, 394
13	416, 387	1, 625, 870	34, 298, 650	7, 138, 460	18, 054, 632
14	83, 479	8, 163, 597	15, 879	48, 309, 271	751, 086
15	61, 059, 723	84, 952	470, 312	914, 023	−7, 481, 690
計					

No.	(6)	(7)	(8)	(9)	(10)
1	¥ 53, 178	¥ 7, 102, 893	¥ 75, 248	¥ 49, 270	¥ 5, 723, 418
2	50, 768, 941	13, 265	61, 458, 390	8, 196, 425	20, 891, 563
3	87, 023	921, 504	5, 792, 013	50, 347, 691	127, 845
4	203, 984	6, 285, 147	129, 465	24, 583	8, 659, 034
5	4, 185, 760	28, 657, 019	30, 872	−481, 902	914, 326
6	−39, 541, 086	4, 685	92, 483, 107	−53, 716	13, 249, 670
7	−74, 329	520, 386	627, 839	−9, 260, 583	32, 159
8	829, 561	67, 953	3, 814, 956	980, 674	460, 578
9	937, 640	39, 051, 274	940, 618	2, 615, 830	9, 714, 802
10	−1, 804, 659	894, 712	16, 574	−3, 157	64, 075, 281
11	78, 316, 492	5, 413, 067	7, 051, 342	−16, 709, 842	2, 953
12	−2, 690, 135	72, 431	234, 760	876, 204	306, 197
13	−472, 035	349, 580	80, 362, 591	74, 018, 369	48, 732
14	6, 092, 857	40, 796, 328	5, 687	3, 591, 087	7, 536, 910
15	−6, 217	1, 438, 609	4, 509, 123	632, 795	85, 046
計					

主催　公益社団法人　全国経理教育協会　　後援　文部科学省

第12回電卓計算能力検定模擬試験

2級　除算問題　(制限時間10分)

採点欄

(注意) 無名数で小数第4位未満の端数が出たとき、名数で円位未満の端数が出たとき、パーセントの小数第2位未満の端数が出たときは四捨五入すること。

受験番号

No.	問題				
1	39,990,138	÷ 7,806 =		%	%
2	19,032,832	÷ 3,952 =		%	%
3	11,874,500	÷ 4,318 =		%	%
4	47,112,030	÷ 5,670 =		%	%
5	9,554,927	÷ 241 =		%	%
	No.1～No.5 小計 ①			100 %	
6	6.5137378	÷ 0.82037 =		%	%
7	9.67055	÷ 67.25 =		%	%
8	0.0454005	÷ 1.593 =		%	%
9	0.02847158	÷ 0.0469 =		%	%
10	8,782.1904	÷ 9,184 =		%	%
	No.6～No.10 小計 ②			100 %	
	(小計 ①＋②) 合計				100 %
11	¥ 25,503,331	÷ 8,743 =		%	%
12	¥ 56,991,263	÷ 9,821 =		%	%
13	¥ 32,512,320	÷ 4,260 =		%	%
14	¥ 28,959,192	÷ 63,507 =		%	%
15	¥ 5,761,108	÷ 5,492 =		%	%
	No.11～No.15 小計 ③			100 %	
16	¥ 345,240	÷ 3.75 =		%	%
17	¥ 611	÷ 0.0958 =		%	%
18	¥ 1,252,106	÷ 261.4 =		%	%
19	¥ 5,798	÷ 0.7136 =		%	%
20	¥ 390	÷ 0.1089 =		%	%
	No.16～No.20 小計 ④			100 %	
	(小計 ③＋④) 合計				100 %

主催　公益社団法人　全国経理教育協会　　後援　文部科学省

第12回電卓計算能力検定模擬試験

２級　乗算問題　(制限時間10分)

採点欄

(注意) 無名数で小数第４位未満の端数が出たとき、名数で円位未満の端数が出たとき、パーセントの小数第２位未満の端数が出たときは四捨五入すること。

受験番号

No.	問題					
1	1, 253	×	38, 974	=	%	%
2	69, 340	×	2, 051	=	%	%
3	24, 587	×	4, 185	=	%	%
4	57, 816	×	6, 349	=	%	%
5	70, 198	×	7, 260	=	%	%
No. 1～No. 5　小　計 ①					100 %	
6	0. 02931	×	169. 2	=	%	%
7	9, 160. 74	×	8. 27	=	%	%
8	0. 83509	×	0. 0713	=	%	%
9	347. 62	×	54. 08	=	%	%
10	48. 625	×	0. 9536	=	%	%
No. 6～No. 10　小　計 ②					100 %	
(小計 ①＋②) 合　計						100 %
11	¥ 651, 042	×	743	=	%	%
12	¥ 76, 238	×	8, 032	=	%	%
13	¥ 30, 589	×	9, 650	=	%	%
14	¥ 14, 397	×	6, 281	=	%	%
15	¥ 87, 906	×	4, 517	=	%	%
No. 11～No. 15　小　計 ③					100 %	
16	¥ 92, 713	×	0. 0479	=	%	%
17	¥ 84, 375	×	5. 968	=	%	%
18	¥ 5, 621	×	0. 28394	=	%	%
19	¥ 20, 864	×	0. 3125	=	%	%
20	¥ 49, 150	×	17. 06	=	%	%
No. 16～No. 20　小　計 ④					100 %	
(小計 ③＋④) 合　計						100 %

主催　公益社団法人　全国経理教育協会　　後援　文部科学省

第11回電卓計算能力検定模擬試験

2級　複合算問題　(制限時間10分)

採点欄

(注意) 整数未満の端数が出たときは切り捨てること。ただし、端数処理は1題の解答について行うのではなく、1計算ごとに行うこと。

受験番号

No.	
1	27,860,283 ÷ 8,921 ＋ 18,115,396 ÷ 7,358 ＝
2	(764.539 × 900.279) ÷ (39.081 ÷ 0.461) ＝
3	(81,118,434 － 10,740,576) ÷ (72,098 － 137) ＝
4	54,558,648 ÷ 9,081 ＋ 83,752 × 402,315 ＝
5	10,642 × 43,785 － 98,714 × 85,236 ＝
6	(309,588,276 ＋ 105,263,184) ÷ (60,835 － 920) ＝
7	(87.941 ÷ 0.0359) × (9,185.34 ÷ 2.976) ＝
8	(45,306 ＋ 23,194) × (18,057 ＋ 75,943) ＝
9	(86,791 － 7,360) × (495,297 － 6,854) ＝
10	(753.489 ÷ 0.0862) ÷ (5.4323 ÷ 0.4954) ＝
11	925.818 ÷ 0.0567 － 826.579 ÷ 0.103 ＝
12	(2,183 ＋ 42,537) × (30,169 ＋ 3,008) ＝
13	(17,170,340 ＋ 52,017,398) ÷ (451 － 86,720) ＝
14	62,915 × 74,680 ＋ 36,550,770 ÷ 6,982 ＝
15	(683.127 ＋ 349,261.873) × (75,943 － 329) ＝
16	52,250,264 ÷ 6,182 ＋ 89,642 × 54,387 ＝
17	(72,216,450 － 20,543,986) ÷ (57,310 － 402) ＝
18	3,027 × 83,495 － 23,667,636 ÷ 5,739 ＝
19	(47,895 － 3,218) × (2,058 ＋ 29,765) ＝
20	90,842 × 61,573 － 68,148,925 ÷ 9,841 ＝

主催　公益社団法人　全国経理教育協会　　後援　文部科学省

第11回電卓計算能力検定模擬試験

２級　見取算問題 （制限時間10分）

採　点　欄

受験番号

No.	(1)	(2)	(3)	(4)	(5)
1	¥ 210, 846	¥ 1, 953, 408	¥ 503, 892	¥ 2, 097, 165	¥ 64, 912
2	162, 785	103, 985	8, 643, 905	370, 689	572, 631
3	3, 826, 470	80, 574, 326	−247, 359	9, 326	−36, 758
4	5, 791, 320	47, 381, 502	62, 751	926, 150	8, 507, 164
5	9, 678	682, 791	92, 314, 068	43, 081	3, 926, 870
6	76, 480, 213	62, 314	459, 271	64, 598	−5, 894, 603
7	37, 965	46, 075	−4, 796, 180	7, 658, 024	14, 358, 027
8	4, 053, 197	258, 930	−3, 018, 526	516, 437	−76, 215, 409
9	89, 523, 601	9, 867, 143	−1, 342	8, 231, 907	−472, 310
10	674, 952	56, 437, 098	−57, 120, 834	49, 105, 873	20, 193, 846
11	20, 391, 586	2, 019, 467	−6, 835, 704	35, 012, 796	730, 598
12	59, 814	790, 652	785, 619	864, 279	−9, 724
13	1, 748, 309	76, 841	−84, 137	79, 548	9, 041, 385
14	45, 068	8, 219	96, 025	60, 485, 312	81, 235
15	904, 237	3, 925, 760	10, 972, 463	1, 728, 403	−625, 941
計					

No.	(6)	(7)	(8)	(9)	(10)
1	¥ 13, 209, 456	¥ 597, 140	¥ 40, 285	¥ 1, 082, 593	¥ 834, 672
2	−3, 987	3, 901, 682	1, 034, 892	28, 764	46, 598, 031
3	430, 182	84, 126, 093	941, 607	496, 027	2, 075, 946
4	9, 024, 716	749, 638	76, 253	40, 539, 281	183, 290
5	−86, 049	2, 053, 814	368, 514	749, 160	32, 147
6	17, 359	12, 435	67, 482, 901	−6, 135, 807	8, 645, 701
7	598, 674	630, 251	5, 217, 430	−14, 685	50, 418, 329
8	−25, 610, 398	5, 374, 192	9, 315	865, 731	67, 584
9	6, 192, 507	468, 370	54, 826	3, 278, 906	729, 368
10	−7, 452, 638	97, 253	80, 523, 470	−27, 350, 419	3, 940, 812
11	326, 470	10, 825, 469	739, 150	−947, 852	2, 156
12	40, 875, 261	86, 127	4, 206, 397	−3, 618	697, 510
13	−68, 513	7, 258, 046	39, 187, 046	62, 094	17, 309, 425
14	−971, 805	96, 183, 507	812, 569	8, 301, 579	51, 734
15	8, 743, 920	4, 795	2, 695, 738	59, 670, 342	9, 286, 053
計					

主催　公益社団法人　全国経理教育協会　　後援　文部科学省

第11回電卓計算能力検定模擬試験

2級　除算問題　（制限時間10分）

採点欄

（注意）無名数で小数第4位未満の端数が出たとき、名数で円位未満の端数が出たとき、パーセントの小数第2位未満の端数が出たときは四捨五入すること。

受験番号＿＿＿＿＿＿

No.	問題			
1	9, 965, 508 ÷ 15, 308 =		%	%
2	3, 741, 491 ÷ 2, 197 =		%	%
3	26, 176, 714 ÷ 4, 762 =		%	%
4	59, 681, 160 ÷ 6, 459 =		%	%
5	32, 554, 660 ÷ 3, 910 =		%	%
	No. 1～No. 5　小　計 ①		100 %	
6	0. 83145 ÷ 8. 625 =		%	%
7	2. 7375 ÷ 0. 584 =		%	%
8	55. 936276 ÷ 78. 43 =		%	%
9	0. 00953354 ÷ 0. 0271 =		%	%
10	1, 888. 0032 ÷ 9, 036 =		%	%
	No. 6～No. 10　小　計 ②		100 %	
	(小計 ①＋②) 合　計			100 %
11	¥ 25, 440, 027 ÷ 267 =		%	%
12	¥ 5, 365, 506 ÷ 3, 849 =		%	%
13	¥ 43, 477, 749 ÷ 5, 013 =		%	%
14	¥ 24, 490, 620 ÷ 7, 980 =		%	%
15	¥ 7, 282, 582 ÷ 1, 426 =		%	%
	No. 11～No. 15　小　計 ③		100 %	
16	¥ 4, 440 ÷ 0. 9375 =		%	%
17	¥ 37, 310 ÷ 4. 592 =		%	%
18	¥ 516 ÷ 0. 85704 =		%	%
19	¥ 186 ÷ 0. 0631 =		%	%
20	¥ 456, 536 ÷ 61. 28 =		%	%
	No. 16～No. 20　小　計 ④		100 %	
	(小計 ③＋④) 合　計			100 %

主催　公益社団法人　全国経理教育協会　　後援　文部科学省

第11回電卓計算能力検定模擬試験

２級　乗算問題　（制限時間10分）

採点欄

（注意）無名数で小数第４位未満の端数が出たとき、名数で円位未満の端数が出たとき、パーセントの小数第２位未満の端数が出たときは四捨五入すること。

受験番号

No.						%	%
1	81,590	×	6,541	=		%	%
2	37,156	×	7,169	=		%	%
3	63,802	×	3,270	=		%	%
4	5,974	×	28,753	=		%	%
5	29,643	×	4,098	=		%	%
	No.1～No.5　小　計 ①					100 %	
6	72.435	×	94.82	=		%	%
7	0.46017	×	0.5916	=		%	%
8	1.4528	×	0.0625	=		%	%
9	9,203.81	×	8.37	=		%	%
10	0.08769	×	130.4	=		%	%
	No.6～No.10　小　計 ②					100 %	
	(小計 ①＋②) 合　計						100 %
11	¥ 435,972	×	607	=		%	%
12	¥ 94,268	×	7,980	=		%	%
13	¥ 82,401	×	4,536	=		%	%
14	¥ 67,093	×	8,129	=		%	%
15	¥ 10,536	×	2,451	=		%	%
	No.11～No.15　小　計 ③					100 %	
16	¥ 19,847	×	0.9764	=		%	%
17	¥ 51,789	×	0.0493	=		%	%
18	¥ 3,064	×	1,203.5	=		%	%
19	¥ 26,350	×	36.18	=		%	%
20	¥ 78,125	×	0.5872	=		%	%
	No.16～No.20　小　計 ④					100 %	
	(小計 ③＋④) 合　計						100 %

主催　公益社団法人　全国経理教育協会　　後援　文部科学省

第10回電卓計算能力検定模擬試験

２級　複合算問題　（制限時間10分）

採　点　欄

（注意）整数未満の端数が出たときは切り捨てること。ただし、端数処理は１題の解答について行うのではなく、１計算ごとに行うこと。

受験番号

No.	
1	(835. 769 ÷ 0. 0309) ÷ (9. 4825 ÷ 0. 3875) =
2	29, 185 × 84, 571 ＋ 54, 055, 446 ÷ 8, 254 =
3	(79, 893 − 4, 254) × (198, 169 − 7, 052) =
4	(54, 379 − 6, 528) × (2, 257 ＋ 79, 641) =
5	(55. 428 ÷ 0. 0487) × (8, 052. 9 ÷ 7. 721) =
6	95, 204 × 37, 815 − 36, 447, 411 ÷ 4, 823 =
7	(603. 842 × 961. 705) ÷ (35. 123 ÷ 0. 394) =
8	42, 072, 646 ÷ 8, 371 ＋ 43, 457, 208 ÷ 9, 528 =
9	(70, 730, 166 − 13, 709, 570) ÷ (71, 680 − 582) =
10	(81, 118, 690 − 30, 694, 837) ÷ (58, 376 − 217) =
11	(19, 872 ＋ 52, 128) × (60, 302 ＋ 24, 698) =
12	999. 111 ÷ 0. 0729 − 628. 571 ÷ 0. 169 =
13	21, 084 × 53, 796 − 79, 512 × 82, 036 =
14	(368, 207, 715 ＋ 158, 376, 170) ÷ (69, 104 − 583) =
15	(45, 854, 027 ＋ 20, 213, 666) ÷ (243 − 71, 360) =
16	6, 013 × 93, 254 − 12, 196, 267 ÷ 6, 089 =
17	(5, 291 ＋ 72, 843) × (81, 954 ＋ 10, 236) =
18	(965. 207 ＋ 286, 107. 793) × (86, 230 − 645) =
19	34, 794, 760 ÷ 6, 952 ＋ 43, 108 × 965, 437 =
20	11, 219, 688 ÷ 7, 362 ＋ 96, 035 × 47, 280 =

主催　公益社団法人　全国経理教育協会　　後援　文部科学省

第10回電卓計算能力検定模擬試験

２ 級　見取算問題 （制限時間10分）

採　点　欄

受験番号

No.	(1)	(2)	(3)	(4)	(5)
1	¥ 1, 632, 048	¥ 1, 503, 769	¥ 852, 190	¥ 73, 624	¥ 249, 305
2	957, 406	810, 759	3, 508, 297	1, 839, 067	95, 137
3	861, 795	49, 815	91, 465, 380	286, 541	−172, 950
4	69, 718, 530	789, 524	−41, 632	825, 701	84, 256
5	79, 123	90, 126, 537	−9, 745	30, 768, 912	40, 831, 529
6	80, 147, 356	31, 982	−20, 683, 571	6, 795	75, 890, 263
7	7, 460, 829	273, 041	−716, 493	85, 372, 640	−47, 168
8	502, 693	648, 093	−6, 294, 705	14, 938	526, 091
9	25, 784	5, 468, 290	8, 930, 261	504, 286	689, 574
10	4, 289, 071	26, 957, 140	−57, 814	2, 948, 103	−6, 317, 482
11	4, 652	4, 376, 208	−345, 160	9, 602, 175	12, 078, 435
12	13, 869	5, 678	47, 031, 852	37, 496	8, 701, 342
13	386, 470	38, 605, 471	5, 826, 934	74, 091, 853	3, 962, 710
14	53, 098, 217	7, 024, 386	72, 346	480, 579	−3, 614
15	2, 105, 934	92, 316	190, 428	6, 159, 320	9, 453, 806
計					

No.	(6)	(7)	(8)	(9)	(10)
1	¥ 1, 265, 970	¥ 76, 432	¥ 42, 056, 318	¥ 6, 502, 487	¥ 25, 984, 310
2	−9, 548	4, 732, 980	7, 845	297, 368	8, 927
3	80, 941, 356	850, 916	6, 145, 709	57, 134, 690	62, 134
4	5, 046, 279	60, 421, 573	289, 031	86, 251	1, 853, 706
5	72, 186	518, 369	53, 816	−1, 593, 078	940, 571
6	732, 901	3, 714	492, 563	904, 127	49, 027, 863
7	193, 067	2, 309, 587	37, 506, 129	−62, 359	35, 614
8	−87, 135	81, 597, 240	9, 364, 072	3, 489, 701	168, 072
9	316, 584	45, 691	715, 430	−5, 496	7, 601, 245
10	−2, 639, 408	920, 816	27, 984	−20, 638, 574	592, 638
11	460, 583	63, 945	5, 680, 241	−740, 912	8, 349, 150
12	−4, 820, 719	5, 284, 103	10, 873, 492	17, 286	30, 471, 892
13	97, 103, 642	79, 058, 234	918, 653	826, 035	215, 743
14	−63, 574, 820	142, 657	8, 421, 760	4, 379, 810	96, 485
15	58, 297	3, 617, 028	39, 527	98, 051, 643	6, 720, 359
計					

主催　公益社団法人　全国経理教育協会　　後援　文部科学省

第10回電卓計算能力検定模擬試験

2級　除算問題　(制限時間10分)

(注意) 無名数で小数第4位未満の端数が出たとき、名数で円位未満の端数が出たとき、パーセントの小数第2位未満の端数が出たときは四捨五入すること。

受験番号

採点欄

No.	問題		
1	38,562,450 ÷ 4,650 =	%	%
2	46,014,580 ÷ 7,961 =	%	%
3	65,416,948 ÷ 8,549 =	%	%
4	7,627,662 ÷ 238 =	%	%
5	4,468,096 ÷ 1,072 =	%	%
	No.1〜No.5 小計 ①	100 %	
6	6,162.5151 ÷ 67.203 =	%	%
7	0.05538082 ÷ 0.9316 =	%	%
8	0.44875 ÷ 3.125 =	%	%
9	1,262.3226 ÷ 5,487 =	%	%
10	6.14625 ÷ 0.0894 =	%	%
	No.6〜No.10 小計 ②	100 %	
	(小計 ①＋②) 合計		100 %
11	¥ 22,227,660 ÷ 3,540 =	%	%
12	¥ 46,651,576 ÷ 5,164 =	%	%
13	¥ 40,067,079 ÷ 8,697 =	%	%
14	¥ 29,481,312 ÷ 9,236 =	%	%
15	¥ 10,342,962 ÷ 17,802 =	%	%
	No.11〜No.15 小計 ③	100 %	
16	¥ 123,200 ÷ 43.75 =	%	%
17	¥ 29,575 ÷ 0.728 =	%	%
18	¥ 389,517 ÷ 248.1 =	%	%
19	¥ 705 ÷ 0.0953 =	%	%
20	¥ 5,088 ÷ 0.6019 =	%	%
	No.16〜No.20 小計 ④	100 %	
	(小計 ③＋④) 合計		100 %

主催　公益社団法人　全国経理教育協会　　後援　文部科学省

第10回電卓計算能力検定模擬試験

2級　乗算問題　（制限時間10分）

（注意）無名数で小数第4位未満の端数が出たとき、名数で円位未満の端数が出たとき、パーセントの小数第2位未満の端数が出たときは四捨五入すること。

採点欄

受験番号

No.							
1	936, 457	×	507	=		%	%
2	45, 263	×	3, 590	=		%	%
3	51, 306	×	8, 436	=		%	%
4	14, 820	×	6, 218	=		%	%
5	27, 981	×	1, 942	=		%	%
No. 1～No. 5　小　計 ①						100 %	
6	0. 02618	×	768. 9	=		%	%
7	807. 49	×	47. 53	=		%	%
8	3. 195	×	280. 64	=		%	%
9	0. 67032	×	0. 9371	=		%	%
10	79. 584	×	0. 0125	=		%	%
No. 6～No. 10　小　計 ②						100 %	
(小計 ①＋②) 合　計							100 %
11	¥ 7, 183	×	94, 381	=		%	%
12	¥ 50, 829	×	3, 702	=		%	%
13	¥ 91, 056	×	8, 613	=		%	%
14	¥ 84, 301	×	7, 954	=		%	%
15	¥ 46, 572	×	6, 520	=		%	%
No. 11～No. 15　小　計 ③						100 %	
16	¥ 609, 375	×	0. 416	=		%	%
17	¥ 82, 740	×	209. 7	=		%	%
18	¥ 24, 917	×	0. 0348	=		%	%
19	¥ 15, 638	×	0. 5269	=		%	%
20	¥ 39, 264	×	1. 875	=		%	%
No. 16～No. 20　小　計 ④						100 %	
(小計 ③＋④) 合　計							100 %

主催　公益社団法人　全国経理教育協会　　後援　文部科学省

第9回電卓計算能力検定模擬試験

２級　複合算問題　（制限時間10分）

採　点　欄

（注意）整数未満の端数が出たときは切り捨てること。ただし、端数処理は１題の解答について行うのではなく、１計算ごとに行うこと。

受験番号

No.	
1	(50,217,682 − 24,867,049) ÷ (37,561 − 980) =
2	(103,270,659 ＋ 422,867,555) ÷ (65,730 − 428) =
3	(88,191,866 − 44,827,510) ÷ (47,860 − 519) =
4	12,908,007 ÷ 6,951 ＋ 88,806 × 970,645 =
5	(395.861 × 532.474) ÷ (38.567 ÷ 0.947) =
6	24,219,206 ÷ 5,731 ＋ 71,856 × 80,293 =
7	38,760 × 70,682 ＋ 55,833,092 ÷ 6,794 =
8	(54,203 ＋ 17,797) × (38,983 ＋ 26,017) =
9	64,530,070 ÷ 7,198 ＋ 12,577,242 ÷ 3,526 =
10	(406.139 ÷ 0.0725) ÷ (2.9475 ÷ 0.8463) =
11	(81,705 − 3,042) × (963,548 − 1,265) =
12	(9,432 ＋ 27,859) × (73,809 ＋ 16,928) =
13	(39.651 ÷ 0.0564) × (92.061 ÷ 0.3586) =
14	76,285 × 82,416 − 20,134,738 ÷ 4,751 =
15	98,764 × 18,530 − 87,539 × 76,054 =
16	(452.717 ＋ 872,304.283) × (43,915 − 602) =
17	(79,218 − 607) × (5,014 ＋ 28,899) =
18	(25,591,404 ＋ 39,067,428) ÷ (157 − 82,630) =
19	936.883 ÷ 0.0956 − 209.683 ÷ 0.531 =
20	6,218 × 91,543 − 67,314,444 ÷ 7,862 =

主催　公益社団法人　全国経理教育協会　　後援　文部科学省

第9回電卓計算能力検定模擬試験

2級　見取算問題　（制限時間10分）

採点欄

受験番号

No.	(1)	(2)	(3)	(4)	(5)
1	¥ 328, 790	¥ 869, 743	¥ 6, 593, 710	¥ 290, 157	¥ 527, 380
2	680, 431	2, 671	59, 607, 342	53, 184	−85, 042, 639
3	4, 153, 268	5, 942, 078	−5, 894	9, 765, 820	−471, 392
4	56, 012, 379	637, 508	−3, 879, 204	1, 568, 074	69, 153
5	46, 815	90, 326	21, 678	40, 812, 395	9, 685, 201
6	941, 057	7, 258, 940	−186, 409	346, 972	−98, 237
7	73, 208, 964	61, 405, 283	−4, 362, 175	78, 605	813, 645
8	64, 728	37, 652	−82, 516	36, 109, 248	230, 794
9	2, 895, 403	789, 160	−27, 054, 983	421, 389	24, 708, 513
10	7, 596	146, 895	923, 087	8, 970, 463	−6, 790, 514
11	1, 923, 647	51, 834	−718, 356	697, 502	3, 156, 028
12	8, 450, 612	30, 674, 192	35, 741	5, 482, 719	74, 852
13	90, 731, 586	48, 023, 917	80, 396, 421	9, 836	10, 382, 476
14	87, 029	2, 518, 709	450, 132	13, 067	−1, 946
15	579, 130	9, 310, 456	1, 249, 065	72, 034, 651	−7, 954, 061
計					

No.	(6)	(7)	(8)	(9)	(10)
1	¥ 97, 631, 280	¥ 6, 815, 079	¥ 83, 704, 592	¥ 327, 860	¥ 80, 296, 354
2	−752, 630	92, 041, 638	561, 739	43, 059	614, 735
3	−30, 792, 164	84, 310	6, 913, 024	7, 490, 836	39, 124
4	137, 528	173, 526	342, 158	−2, 714	5, 421, 073
5	26, 783	832, 764	25, 087, 463	38, 047, 521	946, 208
6	4, 209, 871	70, 512, 489	57, 812	875, 402	3, 560, 481
7	−6, 485, 019	460, 132	1, 280, 946	2, 159, 670	71, 568
8	63, 198	3, 658, 940	945, 607	−631, 945	16, 703, 849
9	−9, 341	91, 475	40, 196, 285	−19, 506, 387	8, 572
10	586, 904	246, 851	73, 561	−53, 698	4, 327, 150
11	−8, 974, 035	54, 902, 317	9, 638, 120	−4, 268, 109	182, 936
12	−45, 706	37, 528	1, 473	60, 324, 781	2, 854, 093
13	2, 360, 597	1, 579, 803	29, 748	986, 257	79, 068, 415
14	51, 028, 476	6, 294	410, 356	5, 792, 013	279, 301
15	814, 952	723, 065	7, 832, 905	18, 946	95, 627
計					

主催　公益社団法人　全国経理教育協会　　後援　文部科学省

第9回電卓計算能力検定模擬試験

2級　除算問題　(制限時間10分)

採点欄

(注意) 無名数で小数第4位未満の端数が出たとき、名数で円位未満の端数が出たとき、パーセントの小数第2位未満の端数が出たときは四捨五入すること。

受験番号

No.	問題		
1	72,626,220 ÷ 9,531 =	%	%
2	28,305,444 ÷ 5,476 =	%	%
3	27,427,719 ÷ 4,219 =	%	%
4	10,850,840 ÷ 2,860 =	%	%
5	35,884,108 ÷ 73,684 =	%	%
	No.1～No.5 小計 ①	100 %	
6	3.3075 ÷ 0.392 =	%	%
7	0.00976934 ÷ 0.0943 =	%	%
8	0.429 ÷ 8.125 =	%	%
9	6,602.2807 ÷ 6,708 =	%	%
10	30.79041 ÷ 105.7 =	%	%
	No.6～No.10 小計 ②	100 %	
	(小計 ①＋②) 合計		100 %
11	¥ 14,762,772 ÷ 3,629 =	%	%
12	¥ 38,481,916 ÷ 7,258 =	%	%
13	¥ 79,245,072 ÷ 8,304 =	%	%
14	¥ 15,276,534 ÷ 571 =	%	%
15	¥ 46,332,110 ÷ 6,490 =	%	%
	No.11～No.15 小計 ③	100 %	
16	¥ 58,660 ÷ 93.856 =	%	%
17	¥ 116 ÷ 0.0147 =	%	%
18	¥ 305,324 ÷ 206.3 =	%	%
19	¥ 4,375 ÷ 0.4912 =	%	%
20	¥ 603 ÷ 0.1875 =	%	%
	No.16～No.20 小計 ④	100 %	
	(小計 ③＋④) 合計		100 %

主催　公益社団法人　全国経理教育協会　　後援　文部科学省

第9回電卓計算能力検定模擬試験

2級　乗算問題（制限時間10分）

採　点　欄

（注意）無名数で小数第4位未満の端数が出たとき、名数で円位未満の端数が出たとき、パーセントの小数第2位未満の端数が出たときは四捨五入すること。

受験番号

No.							
1		52, 684	×	9, 182	=	%	%
2		10, 738	×	5, 860	=	%	%
3		23, 065	×	6, 341	=	%	%
4		6, 419	×	37, 954	=	%	%
5		98, 270	×	2, 037	=	%	%
No. 1～No. 5　小　計 ①						100 %	
6		71. 642	×	450. 8	=	%	%
7		3, 785. 6	×	0. 0295	=	%	%
8		814. 903	×	72. 9	=	%	%
9		0. 49527	×	0. 8613	=	%	%
10		0. 05391	×	14. 76	=	%	%
No. 6～No. 10　小　計 ②						100 %	
(小計 ①＋②) 合　計							100 %
11	¥	85, 093	×	2, 153	=	%	%
12	¥	78, 512	×	8, 971	=	%	%
13	¥	62, 341	×	7, 316	=	%	%
14	¥	940, 257	×	548	=	%	%
15	¥	31, 469	×	3, 490	=	%	%
No. 11～No. 15　小　計 ③						100 %	
16	¥	96, 875	×	0. 0784	=	%	%
17	¥	47, 380	×	130. 9	=	%	%
18	¥	20, 136	×	0. 9267	=	%	%
19	¥	59, 604	×	0. 6852	=	%	%
20	¥	1, 728	×	40. 625	=	%	%
No. 16～No. 20　小　計 ④						100 %	
(小計 ③＋④) 合　計							100 %

主催　公益社団法人　全国経理教育協会　　後援　文部科学省

第８回電卓計算能力検定模擬試験

２級　複合算問題　（制限時間10分）

採点欄

(注意) 整数未満の端数が出たときは切り捨てること。ただし、端数処理は１題の解答について行うのではなく、１計算ごとに行うこと。

受験番号

No.	
1	(213.596 ÷ 0.0761) ÷ (9.0687 ÷ 0.1458) =
2	(10,898,879 ＋ 56,732,593) ÷ (830 － 75,314) =
3	748.391 ÷ 0.0928 － 231.789 ÷ 0.953 =
4	60,259,617 ÷ 8,573 ＋ 15,032,064 ÷ 9,472 =
5	(83.614 ÷ 0.0469) × (50.123 ÷ 0.7489) =
6	8,152 × 90,746 ＋ 23,892,111 ÷ 7,893 =
7	(851.364 × 427.539) ÷ (19.772 ÷ 0.364) =
8	(98,403 － 694) × (3,187 ＋ 24,605) =
9	60,318,090 ÷ 8,574 ＋ 56,148 × 650,732 =
10	(55,618,785 － 21,708,942) ÷ (45,238 － 561) =
11	(4,323 ＋ 60,427) × (60,572 ＋ 32,085) =
12	(15,698 － 1,347) × (940,861 － 1,297) =
13	30,486 × 16,970 － 58,923 × 79,856 =
14	(491,653,872 ＋ 342,885,226) ÷ (89,645 － 618) =
15	35,841 × 41,278 － 39,187,236 ÷ 9,251 =
16	9,247 × 24,875 － 45,055,809 ÷ 2,957 =
17	(52,648 ＋ 33,352) × (18,964 ＋ 56,036) =
18	(703.659 ＋ 529,761.341) × (62,130 － 459) =
19	(78,464,715 － 12,324,670) ÷ (74,475 － 410) =
20	22,362,480 ÷ 7,395 ＋ 71,056 × 8,240 =

主催　公益社団法人　全国経理教育協会　　後援　文部科学省

第8回電卓計算能力検定模擬試験

2級　見取算問題 （制限時間10分）

採　点　欄

受験番号

No.	(1)	(2)	(3)	(4)	(5)
1	¥ 32, 607, 984	¥ 380, 172	¥ 40, 527, 836	¥ 78, 624	¥ 6, 209, 478
2	9, 430, 852	956, 841	431, 285	90, 471, 358	−8, 195
3	986, 570	7, 968	−6, 183, 942	389, 105	−63, 987
4	517, 649	61, 879	1, 960, 348	192, 460	953, 741
5	14, 296	5, 493, 620	−15, 423	2, 037, 986	−4, 875, 302
6	86, 134	7, 092, 486	−54, 670	71, 280, 645	571, 036
7	6, 859, 021	831, 507	−3, 698, 715	863, 912	15, 394, 268
8	268, 310	29, 037	−9, 254	6, 735, 094	−712, 485
9	70, 152, 893	39, 710, 254	−28, 073, 561	5, 649, 230	437, 652
10	3, 785	163, 295	−782, 019	4, 579	27, 054, 916
11	20, 975	2, 658, 304	30, 659	68, 291	19, 360
12	15, 729, 403	4, 205, 718	249, 087	956, 708	25, 140
13	693, 147	60, 874, 912	57, 326, 104	83, 514, 027	8, 632, 504
14	8, 041, 762	81, 574, 063	9, 502, 471	27, 351	−90, 146, 823
15	4, 375, 068	45, 693	861, 397	4, 601, 873	−3, 280, 719
計					

No.	(6)	(7)	(8)	(9)	(10)
1	¥ 845, 290	¥ 15, 027	¥ 376, 914	¥ 2, 017, 956	¥ 3, 517, 029
2	−3, 048	7, 054, 283	17, 908, 652	43, 870, 592	948, 160
3	67, 845	641, 728	97, 825	−36, 804	84, 109, 236
4	−419, 867	36, 208, 574	521, 946	−1, 736	61, 392
5	−28, 176	87, 906	4, 160, 238	625, 091	5, 283, 079
6	70, 654, 183	531, 792	50, 489, 162	9, 156, 283	458, 961
7	−5, 093, 712	4, 923, 861	6, 345	340, 872	20, 376, 895
8	76, 235	2, 154	245, 780	−60, 273, 459	92, 743
9	8, 319, 760	396, 410	9, 827, 301	−8, 794, 103	1, 724, 508
10	1, 897, 652	51, 760, 349	15, 763	961, 347	280, 451
11	−932, 407	149, 568	32, 059, 487	75, 483, 061	5, 173
12	541, 029	2, 307, 695	6, 103, 524	42, 980	34, 286
13	−64, 208, 931	79, 832	734, 091	−589, 764	69, 053, 417
14	29, 160, 354	80, 426, 153	48, 139	1, 907, 528	7, 615, 340
15	3, 780, 596	9, 835, 401	8, 632, 570	28, 615	872, 654
計					

主催　公益社団法人　全国経理教育協会　　後援　文部科学省

第８回電卓計算能力検定模擬試験

２級　除算問題　（制限時間10分）

採点欄

（注意）無名数で小数第４位未満の端数が出たとき、名数で円位未満の端数が出たとき、パーセントの小数第２位未満の端数が出たときは四捨五入すること。

受験番号

No.	問題				
1	55, 718, 005 ÷ 89, 435 =		%	%
2	10, 488, 135 ÷ 5, 079 =		%	%
3	12, 231, 120 ÷ 1, 640 =		%	%
4	28, 011, 120 ÷ 7, 352 =		%	%
5	4, 234, 282 ÷ 2, 186 =		%	%
	No. 1～No. 5　小　計　①		100 %	
6	0. 885357 ÷ 32. 67 =		%	%
7	384. 02469 ÷ 470. 1 =		%	%
8	4. 9226688 ÷ 0. 928 =		%	%
9	0. 05801723 ÷ 0. 0593 =		%	%
10	3, 129. 2612 ÷ 6, 814 =		%	%
	No. 6～No. 10　小　計　②		100 %	
	（小計　①＋②）合　計			100 %
11	¥ 10, 217, 634 ÷ 469 =		%	%
12	¥ 31, 246, 152 ÷ 5, 124 =		%	%
13	¥ 10, 060, 158 ÷ 2, 958 =		%	%
14	¥ 19, 525, 730 ÷ 3, 710 =		%	%
15	¥ 58, 112, 589 ÷ 6, 087 =		%	%
	No. 11～No. 15　小　計　③		100 %	
16	¥ 9, 357 ÷ 74. 856 =		%	%
17	¥ 8, 130 ÷ 0. 9375 =		%	%
18	¥ 92, 247 ÷ 19. 02 =		%	%
19	¥ 247 ÷ 0. 0631 =		%	%
20	¥ 5, 802 ÷ 0. 8243 =		%	%
	No. 16～No. 20　小　計　④		100 %	
	（小計　③＋④）合　計			100 %

主催　公益社団法人　全国経理教育協会　　後援　文部科学省

第８回電卓計算能力検定模擬試験

２級　乗算問題　（制限時間10分）

採点欄

（注意）無名数で小数第４位未満の端数が出たとき、名数で円位未満の端数が出たとき、パーセントの小数第２位未満の端数が出たときは四捨五入すること。

受験番号

No.	問題						
1	70, 685	×	5, 093	=		%	%
2	53, 809	×	9, 240	=		%	%
3	42, 317	×	8, 762	=		%	%
4	396, 574	×	156	=		%	%
5	21, 930	×	7, 481	=		%	%
No. 1〜No. 5　小　計 ①						100 %	
6	84. 753	×	290. 4	=		%	%
7	0. 65021	×	0. 0837	=		%	%
8	0. 07246	×	31. 78	=		%	%
9	91. 68	×	0. 41625	=		%	%
10	1, 849. 2	×	6. 359	=		%	%
No. 6〜No. 10　小　計 ②						100 %	
(小計 ①＋②) 合　計							100 %
11	¥ 82, 719	×	3, 058	=		%	%
12	¥ 14, 057	×	4, 820	=		%	%
13	¥ 60, 483	×	9, 473	=		%	%
14	¥ 37, 926	×	5, 617	=		%	%
15	¥ 5, 132	×	82, 169	=		%	%
No. 11〜No. 15　小　計 ③						100 %	
16	¥ 59, 208	×	0. 0391	=		%	%
17	¥ 23, 690	×	180. 6	=		%	%
18	¥ 46, 875	×	0. 7952	=		%	%
19	¥ 710, 364	×	24. 5	=		%	%
20	¥ 98, 541	×	0. 6734	=		%	%
No. 16〜No. 20　小　計 ④						100 %	
(小計 ③＋④) 合　計							100 %

主催　公益社団法人　全国経理教育協会　　後援　文部科学省

第７回電卓計算能力検定模擬試験

２級　複合算問題　（制限時間10分）

採点欄

（注意）整数未満の端数が出たときは切り捨てること。ただし、端数処理は１題の解答について行うのではなく、１計算ごとに行うこと。

受験番号

No.	
1	987.319 ÷ 0.0549 − 683.753 ÷ 0.691 =
2	(302,546,730 + 277,202,814) ÷ (82,450 − 379) =
3	(1,049 + 87,596) × (19,546 + 48,307) =
4	(85,181,388 − 47,625,090) ÷ (41,270 − 359) =
5	(584.391 × 702.285) ÷ (94.632 ÷ 0.196) =
6	83,742,463 ÷ 9,281 + 51,624 × 8,765 =
7	(24,601,962 + 50,107,498) ÷ (547 − 84,302) =
8	66,420,153 ÷ 9,351 + 91,573 × 280,320 =
9	(70,326 − 810) × (1,598 + 40,027) =
10	(44,986 + 29,514) × (80,632 + 14,368) =
11	(60,990,332 − 39,415,806) ÷ (37,286 − 904) =
12	(703.125 ÷ 0.0327) ÷ (6.8941 ÷ 0.5024) =
13	(36.891 ÷ 0.0729) × (26.109 ÷ 0.9286) =
14	76,830 × 61,543 − 23,656,444 ÷ 5,873 =
15	21,465 × 40,197 − 73,849 × 62,850 =
16	(137.638 + 605,718.362) × (99,757 − 248) =
17	44,566,704 ÷ 7,518 + 25,609,791 ÷ 7,863 =
18	5,294 × 10,865 + 34,076,925 ÷ 6,795 =
19	(31,587 − 1,243) × (437,255 − 5,882) =
20	9,547 × 36,082 − 73,204,768 ÷ 7,651 =

主催　公益社団法人　全国経理教育協会　　後援　文部科学省

第7回電卓計算能力検定模擬試験

2級　見取算問題　（制限時間10分）

採点欄

受験番号

No.	(1)	(2)	(3)	(4)	(5)
1	¥ 49,578	¥ 8,269,750	¥ 63,128	¥ 714,820	¥ 3,157,092
2	97,168,045	3,701,264	−3,947,016	3,046,291	−2,789
3	856,732	5,378	96,785,043	68,479	−73,921
4	593,781	62,835	−4,325	1,523	932,564
5	3,605,192	46,578,029	−257,349	62,950,138	6,718,305
6	68,293,410	479,182	571,892	5,902,317	−391,845
7	1,470,286	125,687	−16,237	94,658	45,817,360
8	387,149	9,081,573	−8,490,562	289,103	−523,617
9	24,308	96,403	40,762,951	875,639	7,904,258
10	4,012,653	57,496	185,630	79,186,054	−82,069,431
11	50,738,261	1,930,648	−91,580	38,407	51,640
12	2,036,594	75,604,821	−51,609,274	80,673,542	89,734
13	954,827	20,543,916	7,843,106	429,761	480,126
14	7,906	342,109	2,038,495	4,520,976	10,246,573
15	61,970	817,390	324,718	1,367,085	−9,645,082
計					

No.	(6)	(7)	(8)	(9)	(10)
1	¥ 36,085,194	¥ 38,402,961	¥ 71,859	¥ 284,705	¥ 53,492
2	−58,704	165,843	916,238	8,503,196	78,369,510
3	21,905	7,597,320	2,659,703	−39,541	572,183
4	175,389	263,718	68,204,537	−41,025,397	9,465,031
5	−4,612,037	89,604	582,176	−7,480	624,357
6	−653,019	50,618,479	4,730,958	2,756,018	1,964
7	80,961,572	6,721,095	52,764	138,769	45,908,216
8	710,283	4,321	129,406	73,840,926	87,962
9	−9,631	35,927	3,418,025	−6,921,834	295,170
10	5,246,978	980,542	95,073,241	54,613	3,184,027
11	84,760	4,392,816	45,390	−896,207	60,723,458
12	7,836,240	29,073,154	7,934,182	5,308,672	42,805
13	−19,507,423	56,730	396,014	90,671,438	1,457,389
14	−2,349,856	1,547,083	8,621	467,529	830,691
15	497,826	821,567	10,867,345	12,950	2,016,743
計					

主催　公益社団法人　全国経理教育協会　　後援　文部科学省

第7回電卓計算能力検定模擬試験

2級　除算問題　(制限時間10分)

(注意) 無名数で小数第4位未満の端数が出たとき、名数で円位未満の端数が出たとき、パーセントの小数第2位未満の端数が出たときは四捨五入すること。

採点欄

受験番号

No.	問題		
1	32,079,278 ÷ 7,018 =	%	%
2	50,835,678 ÷ 5,491 =	%	%
3	24,211,080 ÷ 6,540 =	%	%
4	25,801,632 ÷ 29,863 =	%	%
5	5,339,880 ÷ 3,276 =	%	%
	No.1～No.5 小計 ①	100 %	
6	0.0567823 ÷ 1.627 =	%	%
7	24.970715 ÷ 41.05 =	%	%
8	7.6875 ÷ 0.984 =	%	%
9	0.04372567 ÷ 0.0739 =	%	%
10	2,084.9094 ÷ 8,352 =	%	%
	No.6～No.10 小計 ②	100 %	
	(小計 ①＋②) 合計		100 %
11	¥ 34,066,627 ÷ 3,647 =	%	%
12	¥ 7,628,502 ÷ 2,086 =	%	%
13	¥ 68,249,522 ÷ 8,453 =	%	%
14	¥ 33,452,889 ÷ 521 =	%	%
15	¥ 11,374,580 ÷ 7,190 =	%	%
	No.11～No.15 小計 ③	100 %	
16	¥ 940,299 ÷ 496.2 =	%	%
17	¥ 81 ÷ 0.17304 =	%	%
18	¥ 2,584,798 ÷ 953.8 =	%	%
19	¥ 110 ÷ 0.0219 =	%	%
20	¥ 5,456 ÷ 0.6875 =	%	%
	No.16～No.20 小計 ④	100 %	
	(小計 ③＋④) 合計		100 %

主催　公益社団法人　全国経理教育協会　　後援　文部科学省

第7回電卓計算能力検定模擬試験

2級　乗算問題　(制限時間10分)

(注意) 無名数で小数第4位未満の端数が出たとき、名数で円位未満の端数が出たとき、パーセントの小数第2位未満の端数が出たときは四捨五入すること。

受験番号

採　点　欄

No.	問題					
1	50,624	×	2,780	=	%	%
2	39,867	×	9,215	=	%	%
3	28,540	×	6,103	=	%	%
4	913,452	×	597	=	%	%
5	67,198	×	8,634	=	%	%
No.1～No.5　小　計 ①					100 %	
6	457.03	×	73.48	=	%	%
7	0.76081	×	0.3826	=	%	%
8	84.375	×	0.0952	=	%	%
9	1.239	×	4,507.1	=	%	%
10	0.02916	×	146.9	=	%	%
No.6～No.10　小　計 ②					100 %	
(小計 ①＋②) 合　計						100 %
11	¥ 18,356	×	5,341	=	%	%
12	¥ 42,079	×	6,578	=	%	%
13	¥ 23,417	×	9,082	=	%	%
14	¥ 80,563	×	4,960	=	%	%
15	¥ 6,901	×	72,193	=	%	%
No.11～No.15　小　計 ③					100 %	
16	¥ 94,630	×	241.6	=	%	%
17	¥ 57,248	×	0.0625	=	%	%
18	¥ 31,092	×	0.1837	=	%	%
19	¥ 865,174	×	0.359	=	%	%
20	¥ 79,825	×	87.04	=	%	%
No.16～No.20　小　計 ④					100 %	
(小計 ③＋④) 合　計						100 %

主催　公益社団法人　全国経理教育協会　　後援　文部科学省

第６回電卓計算能力検定模擬試験

２級　複合算問題　(制限時間10分)

採　点　欄

(注意) 整数未満の端数が出たときは切り捨てること。ただし、端数処理は１題の解答について行うのではなく、１計算ごとに行うこと。

受験番号

No.	
1	(47, 388 ＋ 35, 012) × (57, 298 ＋ 41, 202) ＝
2	2, 687 × 8, 435 ＋ 48, 358, 712 ÷ 9, 736 ＝
3	(97, 583 － 1, 648) × (597, 368 － 9, 012) ＝
4	15, 557, 249 ÷ 3, 869 ＋ 39, 733, 529 ÷ 7, 541 ＝
5	9, 503 × 48, 627 － 12, 500, 346 ÷ 3, 851 ＝
6	80, 460 × 6, 953 － 27, 892, 767 ÷ 6, 923 ＝
7	26, 910 × 6, 347 － 97, 382 × 43, 870 ＝
8	(30, 615 － 890) × (6, 957 ＋ 18, 006) ＝
9	37, 678, 212 ÷ 7, 436 ＋ 65, 394 × 501, 267 ＝
10	(82, 789, 411 － 53, 941, 635) ÷ (47, 981 － 534) ＝
11	(549. 084 ÷ 0. 0948) ÷ (9. 4831 ÷ 0. 1789) ＝
12	752. 836 ÷ 0. 0491 － 132. 683 ÷ 0. 845 ＝
13	(628. 347 × 905. 186) ÷ (85. 196 ÷ 0. 389) ＝
14	47, 365, 134 ÷ 7, 593 ＋ 20, 674 × 8, 947 ＝
15	(68. 521 ÷ 0. 0169) × (5. 9843 ÷ 0. 7325) ＝
16	(54, 826, 425 ＋ 24, 770, 340) ÷ (815 － 83, 470) ＝
17	(72, 899, 656 － 51, 276, 934) ÷ (35, 210 － 724) ＝
18	(159, 236, 082 ＋ 430, 810, 824) ÷ (71, 590 － 268) ＝
19	(1, 469 ＋ 80, 571) × (70, 129 ＋ 23, 568) ＝
20	(563. 788 ＋ 29, 647. 212) × (12, 785 － 693) ＝

主催　公益社団法人　全国経理教育協会　　後援　文部科学省

第6回電卓計算能力検定模擬試験

2級　見取算問題　（制限時間10分）

採　点　欄

受験番号

No.	(1)	(2)	(3)	(4)	(5)
1	¥ 21, 850	¥ 892, 036	¥ 9, 350, 621	¥ 82, 606	¥ 627, 903
2	6, 982, 731	581, 260	86, 759	65, 027	−80, 763, 125
3	713, 908	73, 108, 695	−3, 572, 046	703, 691	−150, 873
4	7, 609	796, 183	60, 825, 413	90, 167, 453	7, 024, 316
5	30, 269, 145	1, 263, 549	184, 237	5, 630, 849	3, 810, 942
6	1, 638, 529	2, 730, 618	36, 485	2, 340, 981	−72, 591
7	870, 496	6, 701	−52, 307, 194	92, 578	−4, 201, 758
8	59, 347	50, 971, 423	−1, 248	6, 289, 417	65, 784
9	375, 014	47, 859	−7, 463, 819	34, 971, 680	947, 235
10	45, 132, 946	328, 054	−915, 370	836, 072	−2, 469
11	8, 294, 610	9, 025, 746	−47, 102	24, 395	26, 341, 589
12	2, 056, 487	6, 487, 590	678, 092	78, 956, 143	413, 052
13	17, 268	39, 407	−290, 536	1, 057, 928	98, 604
14	97, 406, 583	14, 982	4, 039, 851	512, 764	−5, 389, 167
15	548, 032	48, 652, 371	81, 724, 695	418, 530	19, 536, 840
計					

No.	(6)	(7)	(8)	(9)	(10)
1	¥ 84, 562, 319	¥ 6, 815, 492	¥ 15, 208	¥ 40, 795, 126	¥ 5, 609, 438
2	2, 017, 465	51, 924	267, 534	7, 163, 089	2, 173
3	617, 042	937, 106	8, 395	38, 467	825, 031
4	28, 930	4, 563	58, 149, 736	−542, 190	37, 486, 592
5	350, 687	80, 372, 619	4, 780, 125	−7, 605	53, 641
6	−60, 879, 214	796, 028	864, 903	1, 869, 352	4, 015, 279
7	75, 902, 463	61, 743	91, 405, 672	−23, 956, 841	790, 624
8	−80, 751	3, 408, 251	2, 537, 869	671, 502	10, 254, 968
9	−5, 109	19, 527, 834	73, 516	−8, 204, 913	76, 385
10	581, 896	249, 386	6, 321, 048	−96, 238	8, 541, 720
11	9, 724, 035	4, 652, 870	30, 659, 184	378, 594	29, 318, 046
12	1, 236, 978	85, 301	132, 450	65, 724, 810	981, 307
13	−3, 146, 580	72, 369, 058	41, 297	480, 973	6, 470, 512
14	−498, 327	120, 745	926, 071	9, 013, 754	32, 459
15	−93, 864	5, 043, 917	7, 098, 423	27, 068	167, 893
計					

主催　公益社団法人　全国経理教育協会　　後援　文部科学省

第6回電卓計算能力検定模擬試験

2級　除算問題 (制限時間10分)

採　点　欄

(注意) 無名数で小数第4位未満の端数が出たとき、名数で円位未満の端数が出たとき、パーセントの小数第2位未満の端数が出たときは四捨五入すること。

【禁無断転載】

受験番号

No.	問題			
1	6,673,680 ÷ 3,120 =		%	%
2	64,653,364 ÷ 7,219 =		%	%
3	26,026,137 ÷ 6,957 =		%	%
4	25,662,840 ÷ 4,683 =		%	%
5	17,241,835 ÷ 28,405 =		%	%
	No.1～No.5　小　計 ①		100 %	
6	856.03591 ÷ 5,378 =		%	%
7	6.4099338 ÷ 0.841 =		%	%
8	7.879088 ÷ 95.62 =		%	%
9	0.03226299 ÷ 0.0794 =		%	%
10	0.97125 ÷ 1.036 =		%	%
	No.6～No.10　小　計 ②		100 %	
	(小計 ①＋②) 合　計			100 %
11	¥ 22,473,141 ÷ 543 =		%	%
12	¥ 3,881,262 ÷ 1,897 =		%	%
13	¥ 26,534,790 ÷ 4,230 =		%	%
14	¥ 51,164,238 ÷ 6,502 =		%	%
15	¥ 43,179,032 ÷ 7,316 =		%	%
	No.11～No.15　小　計 ③		100 %	
16	¥ 5,492 ÷ 0.8159 =		%	%
17	¥ 116 ÷ 0.90625 =		%	%
18	¥ 856,696 ÷ 276.8 =		%	%
19	¥ 376,488 ÷ 39.84 =		%	%
20	¥ 401 ÷ 0.0471 =		%	%
	No.16～No.20　小　計 ④		100 %	
	(小計 ③＋④) 合　計			100 %

主催　公益社団法人　全国経理教育協会　　後援　文部科学省

第6回電卓計算能力検定模擬試験

2級　乗算問題（制限時間10分）

（注意）無名数で小数第4位未満の端数が出たとき、名数で円位未満の端数が出たとき、パーセントの小数第2位未満の端数が出たときは四捨五入すること。

採点欄

受験番号

No.	問題						
1	89,157	×	4,860	=		%	%
2	16,748	×	7,396	=		%	%
3	92,076	×	5,034	=		%	%
4	4,283	×	19,582	=		%	%
5	35,410	×	2,617	=		%	%
	No.1〜No.5　小　計 ①					100 %	
6	738.69	×	62.79	=		%	%
7	0.64705	×	0.0458	=		%	%
8	0.09532	×	87.01	=		%	%
9	51.624	×	0.3125	=		%	%
10	2,803.91	×	9.43	=		%	%
	No.6〜No.10　小　計 ②					100 %	
	(小計 ①＋②) 合　計						100 %
11	¥ 90,138	×	6,720	=		%	%
12	¥ 74,086	×	3,284	=		%	%
13	¥ 58,217	×	4,639	=		%	%
14	¥ 37,629	×	1,097	=		%	%
15	¥ 602,593	×	851	=		%	%
	No.11〜No.15　小　計 ③					100 %	
16	¥ 46,875	×	0.5472	=		%	%
17	¥ 19,304	×	290.5	=		%	%
18	¥ 23,761	×	0.0648	=		%	%
19	¥ 5,942	×	0.71583	=		%	%
20	¥ 81,450	×	93.16	=		%	%
	No.16〜No.20　小　計 ④					100 %	
	(小計 ③＋④) 合　計						100 %

主催　公益社団法人　全国経理教育協会　　後援　文部科学省

第5回電卓計算能力検定模擬試験

2級　複合算問題　（制限時間10分）

採　点　欄

（注意）整数未満の端数が出たときは切り捨てること。ただし、端数処理は１題の解答について行うのではなく、１計算ごとに行うこと。

受験番号

No.	
1	(32, 279 − 6, 930) × (7, 959 + 28, 916) =
2	24, 620 × 3, 085 − 48, 055 × 98, 217 =
3	(7, 289 + 20, 139) × (10, 534 + 24, 086) =
4	(83, 490, 955 − 56, 081, 425) ÷ (39, 762 − 267) =
5	(728. 316 × 978. 537) ÷ (93. 704 ÷ 0. 253) =
6	(545, 144, 788 + 123, 095, 648) ÷ (86, 130 − 524) =
7	4, 352 × 8, 093 + 15, 530, 886 ÷ 7, 602 =
8	14, 091, 783 ÷ 4, 821 + 98, 053 × 419, 270 =
9	(74, 560, 542 − 28, 974, 516) ÷ (54, 072 − 630) =
10	(21, 086 + 71, 414) × (64, 295 + 19, 705) =
11	597. 486 ÷ 0. 0964 − 298. 371 ÷ 0. 751 =
12	(934. 721 ÷ 0. 0697) ÷ (8. 1279 ÷ 0. 9481) =
13	5, 367 × 93, 548 − 73, 373, 927 ÷ 3, 659 =
14	67, 840 × 3, 456 − 26, 465, 061 ÷ 8, 743 =
15	43, 811, 367 ÷ 8, 643 + 10, 526 × 3, 458 =
16	(657. 931 + 40, 387. 069) × (64, 713 − 895) =
17	102, 021, 115 ÷ 7, 691 + 32, 502, 568 ÷ 4, 982 =
18	(375, 416, 814 + 104, 087, 360) ÷ (560 − 54, 298) =
19	(95, 284 − 5, 612) × (68, 547 − 1, 079) =
20	(16. 798 ÷ 0. 0657) × (4. 8759 ÷ 0. 6214) =

主催　公益社団法人　全国経理教育協会　　後援　文部科学省

第5回電卓計算能力検定模擬試験

2級　見取算問題　（制限時間10分）

採点欄

受験番号＿＿＿＿＿＿

No.	(1)	(2)	(3)	(4)	(5)
1	¥ 31, 740	¥ 1, 298	¥ 93, 685, 012	¥ 95, 268	¥ 25, 374
2	943, 612	9, 754, 328	2, 468, 173	635, 709	−80, 215, 496
3	176, 803	57, 860	−76, 832	1, 804, 652	924, 183
4	68, 259, 307	42, 093, 816	305, 829	60, 289, 473	−7, 205
5	4, 605, 978	1, 960, 375	−143, 957	746, 310	4, 103, 629
6	90, 251, 463	230, 671	39, 041	410, 627	−5, 401, 897
7	8, 750	70, 182, 436	−5, 271, 608	3, 267, 901	−672, 348
8	1, 587, 269	58, 621, 493	−2, 706	27, 951, 830	568, 437
9	798, 534	349, 057	−862, 954	163, 784	83, 570
10	64, 091	408, 967	−48, 097, 315	76, 958	−350, 714
11	5, 310, 872	6, 532, 980	−6, 540, 391	4, 592, 036	13, 798, 642
12	827, 045	84, 719	51, 489	5, 087, 243	7, 819, 065
13	2, 016, 389	815, 749	10, 723, 486	89, 340, 517	6, 042, 951
14	49, 126	3, 675, 102	437, 265	9, 185	−96, 231
15	37, 462, 598	26, 504	7, 914, 520	28, 194	29, 130, 856
計					

No.	(6)	(7)	(8)	(9)	(10)
1	¥ 40, 216, 785	¥ 430, 856	¥ 24, 957	¥ 56, 813, 940	¥ 64, 132
2	−98, 021	68, 073, 924	5, 963, 071	−190, 527	5, 693
3	−19, 873, 206	54, 761	97, 425, 608	7, 045, 813	8, 679, 245
4	936, 578	2, 916, 570	710, 453	378, 695	186, 703
5	−7, 610, 359	862, 197	3, 276, 514	−62, 034	75, 013, 826
6	724, 198	1, 594, 032	1, 803, 247	−39, 601, 278	542, 180
7	25, 341, 860	37, 518	41, 862	917, 463	21, 396, 457
8	84, 327	74, 386, 201	367, 194	4, 751, 082	3, 471, 065
9	498, 675	109, 452	86, 470, 931	94, 268	820, 974
10	−509, 243	8, 725	538, 790	−2, 589, 741	97, 418
11	6, 147, 089	5, 791, 384	2, 059, 163	−7, 309	60, 725, 391
12	65, 430	283, 605	1, 285	80, 273, 496	4, 908, 537
13	−2, 761	62, 983	85, 029	1, 426, 507	234, 056
14	−3, 057, 691	3, 165, 049	40, 152, 836	59, 826	9, 851, 302
15	8, 352, 904	90, 627, 413	698, 342	638, 150	48, 219
計					

主催　公益社団法人　全国経理教育協会　　後援　文部科学省

第５回電卓計算能力検定模擬試験

２級　除算問題　(制限時間10分)

(注意) 無名数で小数第４位未満の端数が出たとき、名数で円位未満の端数が出たとき、パーセントの小数第２位未満の端数が出たときは四捨五入すること。

採点欄

受験番号

No.	問題		
1	21,171,557 ÷ 23,189 =	%	%
2	23,539,480 ÷ 6,590 =	%	%
3	7,539,657 ÷ 7,053 =	%	%
4	61,243,864 ÷ 9,746 =	%	%
5	6,211,800 ÷ 1,428 =	%	%
	No.1〜No.5　小　計 ①	100 %	
6	2.9868 ÷ 0.375 =	%	%
7	0.03411698 ÷ 0.0631 =	%	%
8	1,358.5859 ÷ 4,867 =	%	%
9	72.508032 ÷ 89.12 =	%	%
10	0.42933 ÷ 5.204 =	%	%
	No.6〜No.10　小　計 ②	100 %	
	(小計 ①＋②) 合　計		100 %
11	¥ 8,387,322 ÷ 5,074 =	%	%
12	¥ 70,717,020 ÷ 9,830 =	%	%
13	¥ 34,419,418 ÷ 4,961 =	%	%
14	¥ 15,447,486 ÷ 3,286 =	%	%
15	¥ 9,110,553 ÷ 157 =	%	%
	No.11〜No.15　小　計 ③	100 %	
16	¥ 54,068 ÷ 61.792 =	%	%
17	¥ 804 ÷ 0.2643 =	%	%
18	¥ 1,822,368 ÷ 740.8 =	%	%
19	¥ 4,238 ÷ 0.8125 =	%	%
20	¥ 337 ÷ 0.0359 =	%	%
	No.16〜No.20　小　計 ④	100 %	
	(小計 ③＋④) 合　計		100 %

主催　公益社団法人　全国経理教育協会　　後援　文部科学省

第5回電卓計算能力検定模擬試験

２級　乗算問題　(制限時間10分)

採　点　欄

(注意) 無名数で小数第４位未満の端数が出たとき、名数で円位未満の端数が出たとき、パーセントの小数第２位未満の端数が出たときは四捨五入すること。

受験番号

No.	問題					
1	79, 145 × 4, 201 =				%	%
2	36, 821 × 7, 610 =				%	%
3	62, 983 × 8, 594 =				%	%
4	87, 490 × 5, 932 =				%	%
5	410, 576 × 386 =				%	%
	No. 1～No. 5　小　計 ①				100 %	
6	13. 52 × 0. 23875 =				%	%
7	2, 460. 7 × 6. 153 =				%	%
8	530. 18 × 17. 49 =				%	%
9	0. 95734 × 0. 0468 =				%	%
10	0. 08269 × 902. 7 =				%	%
	No. 6～No. 10　小　計 ②				100 %	
	(小計 ① + ②) 合　計					100 %
11	¥ 16, 289 × 6, 072 =				%	%
12	¥ 7, 641 × 95, 863 =				%	%
13	¥ 54, 097 × 3, 241 =				%	%
14	¥ 31, 802 × 4, 718 =				%	%
15	¥ 20, 358 × 2, 950 =				%	%
	No. 11～No. 15　小　計 ③				100 %	
16	¥ 94, 513 × 0. 8309 =				%	%
17	¥ 678, 125 × 5. 84 =				%	%
18	¥ 85, 064 × 0. 7196 =				%	%
19	¥ 47, 936 × 0. 0625 =				%	%
20	¥ 39, 270 × 143. 7 =				%	%
	No. 16～No. 20　小　計 ④				100 %	
	(小計 ③ + ④) 合　計					100 %

主催　公益社団法人　全国経理教育協会　　後援　文部科学省

第４回電卓計算能力検定模擬試験

２級　複合算問題　（制限時間10分）

（注意）整数未満の端数が出たときは切り捨てること。ただし、端数処理は１題の解答について行うのではなく、１計算ごとに行うこと。

受験番号

採点欄

No.	
1	(63, 189 ＋ 3, 256) × (72, 168 ＋ 14, 511) ＝
2	6, 145 × 92, 374 － 81, 933, 616 ÷ 9, 584 ＝
3	(852. 369 × 692. 889) ÷ (28. 537 ÷ 0. 469) ＝
4	(349. 623 ＋ 1, 654. 377) × (49, 013 － 2, 578) ＝
5	8, 376 × 3, 047 ＋ 47, 917, 287 ÷ 3, 879 ＝
6	95, 732 × 5, 016 － 23, 393, 750 ÷ 7, 486 ＝
7	59, 681, 776 ÷ 8, 492 ＋ 31, 633, 400 ÷ 6, 925 ＝
8	(236, 194, 087 ＋ 348, 903, 603) ÷ (87, 164 － 930) ＝
9	(42, 132, 384 － 13, 894, 720) ÷ (39, 205 － 417) ＝
10	66, 955, 275 ÷ 9, 531 ＋ 5, 791 × 7, 864 ＝
11	(301. 281 ÷ 0. 0712) ÷ (6. 5479 ÷ 0. 2893) ＝
12	12, 364 × 5, 708 － 49, 385 × 17, 096 ＝
13	678. 251 ÷ 0. 0234 － 178. 459 ÷ 0. 841 ＝
14	(41, 820 － 7, 365) × (95, 086 ＋ 2, 432) ＝
15	(543, 908, 128 ＋ 270, 204, 428) ÷ (931 － 84, 310) ＝
16	(17. 523 ÷ 0. 0489) × (4. 6783 ÷ 0. 1935) ＝
17	77, 810, 680 ÷ 8, 615 ＋ 52, 364 × 601, 792 ＝
18	(77, 939, 838 － 19, 725, 630) ÷ (70, 482 － 513) ＝
19	(283, 917 ＋ 681, 083) × (17, 372 ＋ 50, 628) ＝
20	(95, 342 － 4, 506) × (65, 128 － 3, 007) ＝

主催　公益社団法人　全国経理教育協会　　後援　文部科学省

第4回電卓計算能力検定模擬試験

2級　見取算問題　（制限時間10分）

採点欄

受験番号

No.	(1)	(2)	(3)	(4)	(5)
1	¥ 80,237,951	¥ 6,047,918	¥ 91,307,568	¥ 618,043	¥ 82,169
2	4,609,758	9,531,780	745,923	27,564,398	−96,512,438
3	1,750,492	14,296,735	−69,317	4,206,781	275,031
4	26,874	7,102,946	−8,634,279	71,835	3,024,856
5	391,647	859,076	−3,512,480	9,457,128	157,284
6	12,369	495,803	−186,032	95,762	−1,940,653
7	2,936,715	68,352	6,420,891	729,340	−59,613
8	564,078	38,741,620	52,978,146	63,870,519	5,360,871
9	8,201	2,409	31,509	163,297	−8,497,326
10	65,142,830	2,364,597	−4,365	5,024,689	−3,542
11	9,053,184	13,268	−251,048	10,982,456	613,704
12	927,083	983,054	58,724	5,903	94,107
13	73,894,526	50,678,149	40,173,695	8,736,014	20,938,475
14	79,306	70,182	890,257	308,625	−786,290
15	485,610	327,561	7,062,134	49,170	47,801,925
計					

No.	(6)	(7)	(8)	(9)	(10)
1	¥ 43,905,812	¥ 953,082	¥ 712,863	¥ 45,863,970	¥ 245,103
2	−10,894,237	69,437	3,587,016	−8,491,762	72,906,354
3	183,064	2,017,645	14,908	605,247	13,246
4	76,285	834,107	80,295,641	56,981	3,048,965
5	5,014,396	18,502,396	461,052	−7,804	470,851
6	96,258,473	75,813	6,123,479	−30,129,746	9,261,734
7	−380,729	3,241,980	971,520	596,427	84,629,571
8	−6,702	486,572	57,309,284	1,750,386	54,028
9	−49,150	70,625,934	2,643	−42,051	3,947
10	7,452,609	5,140,329	36,759	−238,160	781,425
11	20,468	8,761	860,315	9,073,218	60,197,382
12	−517,893	21,605	4,078,532	62,835,194	1,520,769
13	631,975	94,317,256	29,345,187	7,910,653	835,097
14	−8,791,640	6,738,549	1,650,498	374,095	98,613
15	2,768,531	190,428	93,274	82,539	5,362,180
計					

主催　公益社団法人　全国経理教育協会　　後援　文部科学省

第４回電卓計算能力検定模擬試験

２級　除算問題　（制限時間10分）

（注意）無名数で小数第４位未満の端数が出たとき、名数で円位未満の端数が出たとき、パーセントの小数第２位未満の端数が出たときは四捨五入すること。

採点欄

受験番号

No.	問題		
1	20, 293, 350 ÷ 2, 761 =	%	%
2	8, 904, 907 ÷ 13, 849 =	%	%
3	42, 168, 812 ÷ 7, 054 =	%	%
4	41, 226, 030 ÷ 9, 630 =	%	%
5	9, 142, 032 ÷ 4, 528 =	%	%
	No. 1～No. 5　小計 ①	100 %	
6	23. 596212 ÷ 62. 03 =	%	%
7	0. 01441013 ÷ 0. 0982 =	%	%
8	0. 61016 ÷ 8. 416 =	%	%
9	3. 2472 ÷ 0. 375 =	%	%
10	4, 747. 8865 ÷ 5, 197 =	%	%
	No. 6～No. 10　小計 ②	100 %	
	(小計 ①＋②) 合計		100 %
11	¥ 40, 017, 601 ÷ 4, 657 =	%	%
12	¥ 10, 188, 326 ÷ 214 =	%	%
13	¥ 16, 489, 198 ÷ 1, 739 =	%	%
14	¥ 5, 579, 060 ÷ 5, 380 =	%	%
15	¥ 43, 144, 402 ÷ 6, 902 =	%	%
	No. 11～No. 15　小計 ③	100 %	
16	¥ 910, 494 ÷ 389. 1 =	%	%
17	¥ 427, 700 ÷ 81. 25 =	%	%
18	¥ 681 ÷ 0. 95063 =	%	%
19	¥ 186 ÷ 0. 0476 =	%	%
20	¥ 1, 359 ÷ 0. 7248 =	%	%
	No. 16～No. 20　小計 ④	100 %	
	(小計 ③＋④) 合計		100 %

主催　公益社団法人　全国経理教育協会　　後援　文部科学省

第4回電卓計算能力検定模擬試験

2級　乗算問題（制限時間10分）

採点欄

（注意）無名数で小数第4位未満の端数が出たとき、名数で円位未満の端数が出たとき、パーセントの小数第2位未満の端数が出たときは四捨五入すること。

受験番号

No.							
1	593,172	×	987	=		%	%
2	28,417	×	4,653	=		%	%
3	81,260	×	7,012	=		%	%
4	49,583	×	6,528	=		%	%
5	67,039	×	1,340	=		%	%
No.1～No.5　小　計 ①						100 %	
6	0.05346	×	896.1	=		%	%
7	769.04	×	3.295	=		%	%
8	38.51	×	248.09	=		%	%
9	0.92478	×	0.5174	=		%	%
10	1.0625	×	0.0736	=		%	%
No.6～No.10　小　計 ②						100 %	
(小計 ①＋②) 合　計							100 %
11	¥ 30,798	×	7,241	=		%	%
12	¥ 6,871	×	81,503	=		%	%
13	¥ 79,426	×	6,920	=		%	%
14	¥ 84,509	×	5,867	=		%	%
15	¥ 52,014	×	3,496	=		%	%
No.11～No.15　小　計 ③						100 %	
16	¥ 91,543	×	0.0638	=		%	%
17	¥ 23,680	×	271.9	=		%	%
18	¥ 89,137	×	0.9054	=		%	%
19	¥ 16,352	×	0.4375	=		%	%
20	¥ 402,765	×	18.2	=		%	%
No.16～No.20　小　計 ④						100 %	
(小計 ③＋④) 合　計							100 %

主催　公益社団法人　全国経理教育協会　　後援　文部科学省

第3回電卓計算能力検定模擬試験

2級　複合算問題 （制限時間10分）

採点欄

（注意）整数未満の端数が出たときは切り捨てること。ただし、端数処理は1題の解答について行うのではなく、1計算ごとに行うこと。

受験番号

No.	
1	(509.496 ＋ 6,782.504) × (65,984 － 2,013) ＝
2	(61,979,888 － 19,730,582) ÷ (45,187 － 526) ＝
3	(634,124 ＋ 145,876) × (59,132 ＋ 35,868) ＝
4	30,365,270 ÷ 7,165 ＋ 46,758 × 547,836 ＝
5	254.769 ÷ 0.0907 － 924.571 ÷ 0.659 ＝
6	(70,183 － 3,285) × (29,546 － 1,037) ＝
7	2,197 × 81,504 － 14,639,936 ÷ 4,867 ＝
8	(78,736,826 － 58,316,942) ÷ (24,780 － 813) ＝
9	(143,029,632 ＋ 450,858,320) ÷ (75,768 － 820) ＝
10	(80,293 ＋ 6,570) × (64,085 ＋ 12,734) ＝
11	26,517,810 ÷ 8,261 ＋ 8,162 × 7,438 ＝
12	(394.681 ÷ 0.0461) ÷ (8.6431 ÷ 0.4052) ＝
13	42,138 × 9,027 － 79,491,163 ÷ 9,871 ＝
14	9,482 × 4,608 ＋ 88,979,717 ÷ 6,719 ＝
15	40,057,251 ÷ 7,813 ＋ 14,317,025 ÷ 4,385 ＝
16	(94,835 － 5,028) × (31,679 ＋ 3,331) ＝
17	38,517 × 2,809 － 500,390 × 60,142 ＝
18	(109,283,465 ＋ 255,429,793) ÷ (3,829 － 76,510) ＝
19	(820.164 × 257.936) ÷ (35.623 ÷ 0.984) ＝
20	(10.289 ÷ 0.0369) × (9.5474 ÷ 0.2835) ＝

主催　公益社団法人　全国経理教育協会　　後援　文部科学省

第3回電卓計算能力検定模擬試験

2級　見取算問題　(制限時間10分)

採　点　欄

受験番号

No.	(1)	(2)	(3)	(4)	(5)
1	¥ 189, 305	¥ 407, 239	¥ 80, 431, 792	¥ 17, 368	¥ 7, 346, 150
2	873, 291	32, 685	9, 810, 365	73, 695	−90, 215, 864
3	71, 839	3, 941, 762	270, 183	4, 638, 201	−42, 307
4	51, 704, 926	57, 904	794, 650	27, 189, 460	93, 572
5	6, 032, 457	89, 120	−65, 402	963, 082	−2, 406, 183
6	1, 763	60, 375, 218	−326, 514	742, 950	−573, 826
7	27, 408	294, 376	−5, 247, 360	6, 095, 724	15, 832, 097
8	48, 910, 672	719, 835	43, 729	526, 891	−160, 375
9	7, 695, 184	4, 570, 168	−9, 176	280, 549	4, 187, 536
10	368, 520	5, 802, 647	1, 905, 438	5, 173	−8, 439
11	590, 168	9, 685, 410	63, 518, 924	38, 517	36, 951, 048
12	3, 245, 097	6, 493	−72, 096, 851	85, 704, 639	21, 954
13	69, 542	193, 086	−82, 537	10, 354, 286	708, 291
14	9, 456, 380	81, 724, 509	189, 247	3, 419, 076	8, 059, 642
15	20, 784, 613	72, 068, 351	−4, 653, 081	9, 871, 402	624, 719
計					

No.	(6)	(7)	(8)	(9)	(10)
1	¥ 68, 145, 372	¥ 7, 286, 534	¥ 310, 489	¥ 526, 471	¥ 47, 253
2	−734, 965	69, 710, 483	42, 875, 603	3, 970, 816	812, 374
3	−10, 459, 287	5, 841	97, 385	741, 290	1, 435, 097
4	2, 967, 038	89, 602	208, 671	−24, 683, 079	3, 618
5	13, 690	401, 975	1, 953, 240	65, 184	56, 921, 480
6	872, 069	97, 254	80, 739, 546	324, 501	8, 264, 179
7	43, 071, 586	2, 168, 590	415, 309	57, 940, 368	130, 246
8	−4, 758	824, 613	62, 418	−1, 893, 657	37, 019, 428
9	−5, 692, 143	30, 542, 168	5, 684, 127	−8, 529	751, 062
10	580, 136	70, 319	146, 792	6, 057, 893	9, 586, 740
11	−97, 402	4, 615, 237	73, 421, 950	79, 180	20, 398, 561
12	−318, 509	931, 450	6, 537, 201	8, 104, 732	52, 937
13	26, 814	18, 067, 392	71, 854	−435, 206	604, 583
14	9, 605, 427	5, 493, 726	9, 058, 263	12, 967	4, 173, 905
15	7, 230, 891	352, 087	2, 936	90, 268, 345	65, 892
計					

主催　公益社団法人　全国経理教育協会　　後援　文部科学省

第３回電卓計算能力検定模擬試験

２級　除算問題　（制限時間10分）

採　点　欄

（注意）無名数で小数第４位未満の端数が出たとき、名数で円位未満の端数が出たとき、パーセントの小数第２位未満の端数が出たときは四捨五入すること。

受験番号

No.	問題				
1	10,708,038 ÷ 36,054 =			%	%
2	12,433,980 ÷ 8,390 =			%	%
3	54,954,774 ÷ 9,261 =			%	%
4	6,125,820 ÷ 1,587 =			%	%
5	35,057,572 ÷ 4,972 =			%	%
	No.1～No.5　小　計　①			100 %	
6	4,794.8784 ÷ 7,143 =			%	%
7	11.397972 ÷ 27.08 =			%	%
8	5.096625 ÷ 0.625 =			%	%
9	0.04034304 ÷ 0.0419 =			%	%
10	0.21885 ÷ 5.836 =			%	%
	No.6～No.10　小　計　②			100 %	
	（小計　①＋②）合　計				100 %
11	¥ 78,373,007 ÷ 7,951 =			%	%
12	¥ 21,946,096 ÷ 538 =			%	%
13	¥ 15,795,780 ÷ 4,620 =			%	%
14	¥ 5,011,671 ÷ 2,317 =			%	%
15	¥ 42,752,916 ÷ 8,406 =			%	%
	No.11～No.15　小　計　③			100 %	
16	¥ 642 ÷ 0.0749 =			%	%
17	¥ 11,908 ÷ 95.264 =			%	%
18	¥ 2,515 ÷ 0.3182 =			%	%
19	¥ 3,003 ÷ 0.6875 =			%	%
20	¥ 680,939 ÷ 109.3 =			%	%
	No.16～No.20　小　計　④			100 %	
	（小計　③＋④）合　計				100 %

主催　公益社団法人　全国経理教育協会　　後援　文部科学省

第３回電卓計算能力検定模擬試験

２級　乗算問題　（制限時間10分）

採点欄

（注意）無名数で小数第４位未満の端数が出たとき、名数で円位未満の端数が出たとき、パーセントの小数第２位未満の端数が出たときは四捨五入すること。

受験番号

No.	問題					
1	59,631	×	4,295	=	%	%
2	37,524	×	5,632	=	%	%
3	62,107	×	1,840	=	%	%
4	71,380	×	9,476	=	%	%
5	8,496	×	73,081	=	%	%
	No.1～No.5　小　計 ①				100 %	
6	164.058	×	35.9	=	%	%
7	0.20913	×	0.8517	=	%	%
8	0.08269	×	27.64	=	%	%
9	9,574.2	×	6.103	=	%	%
10	43.875	×	0.0928	=	%	%
	No.6～No.10　小　計 ②				100 %	
	（小計 ①＋②）合　計					100 %
11	¥ 70,261	×	8,052	=	%	%
12	¥ 463,017	×	218	=	%	%
13	¥ 27,586	×	7,960	=	%	%
14	¥ 85,493	×	3,491	=	%	%
15	¥ 32,904	×	1,547	=	%	%
	No.11～No.15　小　計 ③				100 %	
16	¥ 78,125	×	0.6704	=	%	%
17	¥ 6,039	×	0.52683	=	%	%
18	¥ 19,872	×	9.375	=	%	%
19	¥ 94,350	×	48.36	=	%	%
20	¥ 51,648	×	0.0129	=	%	%
	No.16～No.20　小　計 ④				100 %	
	（小計 ③＋④）合　計					100 %

主催　公益社団法人　全国経理教育協会　　後援　文部科学省

第2回電卓計算能力検定模擬試験

2級　複合算問題　（制限時間10分）

採　点　欄

（注意）整数未満の端数が出たときは切り捨てること。ただし、端数処理は1題の解答について行うのではなく、1計算ごとに行うこと。

受験番号

No.	
1	47,164,779 ÷ 8,367 ＋ 95,283 × 127,406 ＝
2	(450,203,490 ＋ 93,410,136) ÷ (2,710 － 86,952) ＝
3	37,318,792 ÷ 9,176 ＋ 5,493 × 80,752 ＝
4	(703.521 ＋ 2,586.479) × (26,458 － 3,024) ＝
5	19,463 × 8,255 － 63,256,399 ÷ 6,437 ＝
6	3,518 × 62,890 － 11,296,607 ÷ 5,623 ＝
7	65,213,456 ÷ 8,617 ＋ 35,304,896 ÷ 4,136 ＝
8	(218,652,294 ＋ 532,161,081) ÷ (82,790 － 165) ＝
9	(84,715 ＋ 1,354) × (32,654 ＋ 30,485) ＝
10	4,369 × 1,025 － 9,437 × 7,619 ＝
11	(231,097 ＋ 483,903) × (74,502 ＋ 23,498) ＝
12	(964.507 × 438.172) ÷ (10.851 ÷ 0.267) ＝
13	202.593 ÷ 0.0608 － 353.629 ÷ 0.981 ＝
14	(57,320,115 － 10,948,763) ÷ (79,412 － 280) ＝
15	6,492 × 5,217 ＋ 444,030,916 ÷ 7,981 ＝
16	(95.276 ÷ 0.0782) × (7.8351 ÷ 0.9074) ＝
17	(72,596,381 － 30,351,549) ÷ (51,728 － 460) ＝
18	(83,720 － 7,594) × (49,165 － 6,918) ＝
19	(512.364 ÷ 0.0258) ÷ (8.2635 ÷ 0.1729) ＝
20	(15,368 － 3,050) × (60,124 ＋ 5,263) ＝

主催　公益社団法人　全国経理教育協会　　後援　文部科学省

第2回電卓計算能力検定模擬試験

2級　見取算問題　(制限時間10分)

採　点　欄

受験番号

No.	(1)	(2)	(3)	(4)	(5)
1	¥ 95, 187	¥ 9, 651, 042	¥ 89, 341, 607	¥ 391, 065	¥ 74, 269
2	2, 673	1, 398, 027	12, 495	513, 867	−3, 591
3	3, 748, 560	784, 369	−83, 215	6, 879, 340	−27, 350
4	1, 456, 798	70, 985, 134	−976, 153	4, 629	89, 170
5	59, 073, 824	36, 405	−7, 820, 361	72, 036, 498	−436, 908
6	7, 150, 386	8, 671	−10, 547, 832	1, 743, 685	−6, 842, 731
7	327, 094	65, 012, 893	−31, 480	670, 938	5, 239, 187
8	62, 549, 830	203, 968	−5, 408, 762	82, 514	1, 957, 842
9	931, 206	421, 576	−4, 729	8, 905, 712	24, 091, 865
10	8, 602, 941	56, 782	697, 054	34, 867, 520	−98, 362, 015
11	81, 529	94, 308	4, 152, 906	28, 176	7, 106, 354
12	18, 059	84, 375, 290	563, 248	256, 079	30, 715, 426
13	234, 765	2, 160, 759	23, 019, 574	9, 180, 254	648, 723
14	610, 472	3, 849, 617	6, 285, 093	50, 427, 193	−580, 294
15	40, 867, 913	547, 210	496, 831	49, 301	154, 603
計					

No.	(6)	(7)	(8)	(9)	(10)
1	¥ 80, 471, 532	¥ 59, 416	¥ 264, 875	¥ 483, 621	¥ 97, 183
2	−8, 397	1, 520, 938	98, 031, 546	83, 021, 596	7, 362, 509
3	57, 146	615, 307	352, 961	−5, 169, 074	20, 678, 945
4	7, 230, 918	70, 493, 286	4, 583, 720	−24, 938	425, 810
5	−382, 754	87, 421	10, 832	9, 745, 180	3, 904, 652
6	36, 715, 490	4, 962	21, 785, 064	16, 250, 349	69, 435
7	43, 601	947, 350	93, 170	2, 894, 765	583, 716
8	926, 840	3, 102, 795	825, 649	13, 602	45, 726, 198
9	−16, 958	54, 836, 019	3, 407, 215	7, 206, 498	842, 971
10	297, 836	2, 358, 764	176, 953	670, 913	31, 760
11	1, 549, 073	761, 803	5, 694, 301	40, 538, 176	9, 170, 832
12	−629, 703	14, 239	60, 912, 487	−371, 045	5, 341
13	9, 850, 267	69, 085, 172	8, 124	−7, 830	216, 407
14	−52, 064, 189	340, 528	46, 793	85, 729	18, 054, 293
15	−4, 108, 625	8, 271, 645	7, 329, 058	968, 257	6, 583, 024
計					

主催　公益社団法人　全国経理教育協会　　後援　文部科学省

第2回電卓計算能力検定模擬試験

2級　除算問題　(制限時間10分)

採　点　欄

(注意) 無名数で小数第4位未満の端数が出たとき、名数で円位未満の端数が出たとき、パーセントの小数第2位未満の端数が出たときは四捨五入すること。

受験番号

No.	問題		
1	15,432,882 ÷ 5,398 =	%	%
2	38,713,960 ÷ 7,156 =	%	%
3	33,209,920 ÷ 4,720 =	%	%
4	6,677,973 ÷ 38,601 =	%	%
5	65,568,276 ÷ 9,437 =	%	%
	No.1～No.5　小　計 ①	100 %	
6	8,935.381 ÷ 10.43 =	%	%
7	0.05008074 ÷ 0.0512 =	%	%
8	3.6218 ÷ 0.875 =	%	%
9	2,014.9043 ÷ 6,289 =	%	%
10	0.18525 ÷ 2.964 =	%	%
	No.6～No.10　小　計 ②	100 %	
	(小計 ①＋②) 合　計		100 %
11	¥ 59,007,663 ÷ 7,293 =	%	%
12	¥ 7,780,920 ÷ 1,570 =	%	%
13	¥ 9,102,924 ÷ 3,452 =	%	%
14	¥ 34,366,212 ÷ 684 =	%	%
15	¥ 70,802,654 ÷ 9,061 =	%	%
	No.11～No.15　小　計 ③	100 %	
16	¥ 1,999,408 ÷ 2,630.8 =	%	%
17	¥ 905 ÷ 0.5917 =	%	%
18	¥ 453,375 ÷ 48.36 =	%	%
19	¥ 463 ÷ 0.0749 =	%	%
20	¥ 2,769 ÷ 0.8125 =	%	%
	No.16～No.20　小　計 ④	100 %	
	(小計 ③＋④) 合　計		100 %

主催　公益社団法人　全国経理教育協会　　後援　文部科学省

第２回電卓計算能力検定模擬試験

２級　乗算問題　(制限時間10分)

採点欄

(注意) 無名数で小数第４位未満の端数が出たとき、名数で円位未満の端数が出たとき、パーセントの小数第２位未満の端数が出たときは四捨五入すること。

受験番号

No.	問題					
1	6, 501	×	79, 836	=	%	%
2	13, 729	×	3, 280	=	%	%
3	89, 630	×	1, 452	=	%	%
4	74, 385	×	5, 061	=	%	%
5	20, 948	×	4, 697	=	%	%
No. 1～No. 5　小　計 ①					100 %	
6	31. 872	×	0. 0125	=	%	%
7	982. 54	×	67. 04	=	%	%
8	4, 910. 56	×	2. 73	=	%	%
9	0. 57463	×	0. 8519	=	%	%
10	0. 02617	×	93. 48	=	%	%
No. 6～No. 10　小　計 ②					100 %	
(小計 ①＋②) 合　計						100 %
11	¥ 831, 469	×	568	=	%	%
12	¥ 60, 753	×	1, 790	=	%	%
13	¥ 58, 037	×	6, 947	=	%	%
14	¥ 97, 182	×	8, 354	=	%	%
15	¥ 42, 516	×	3, 021	=	%	%
No. 11～No. 15　小　計 ③					100 %	
16	¥ 3, 904	×	9. 6875	=	%	%
17	¥ 40, 625	×	0. 7216	=	%	%
18	¥ 28, 491	×	0. 0382	=	%	%
19	¥ 76, 358	×	0. 2409	=	%	%
20	¥ 19, 270	×	415. 3	=	%	%
No. 16～No. 20　小　計 ④					100 %	
(小計 ③＋④) 合　計						100 %

主催　公益社団法人　全国経理教育協会　　後援　文部科学省

第１回電卓計算能力検定模擬試験

２級　複合算問題　（制限時間10分）

採　点　欄

(注意) 整数未満の端数が出たときは切り捨てること。ただし、端数処理は１題の解答について行うのではなく、１計算ごとに行うこと。

受験番号

No.	
1	(203, 892, 341 ＋ 568, 517, 809) ÷ (93, 547 － 765) ＝
2	892. 647 ÷ 0. 0952 － 23. 659 ÷ 0. 851 ＝
3	(198. 679 ÷ 0. 0152) ÷ (8. 7103 ÷ 0. 8329) ＝
4	49, 965, 687 ÷ 9, 861 ＋ 9, 452 × 3, 015 ＝
5	(61, 293, 359 － 10, 286, 795) ÷ (74, 810 － 239) ＝
6	33, 330, 042 ÷ 7, 641 ＋ 19, 396, 728 ÷ 5, 382 ＝
7	7, 916 × 83, 764 － 44, 172, 409 ÷ 6, 953 ＝
8	(98, 641 ＋ 2, 957) × (68, 431 ＋ 13, 264) ＝
9	43, 167, 810 ÷ 8, 246 ＋ 5, 816 × 4, 054 ＝
10	(82, 427, 374 － 45, 068, 910) ÷ (53, 276 － 210) ＝
11	1, 468 × 3, 720 － 8, 642 × 6, 937 ＝
12	(281, 052 ＋ 342, 948) × (39, 654 ＋ 44, 846) ＝
13	(31. 468 ÷ 0. 0429) × (3. 0527 ÷ 0. 537) ＝
14	56, 423 × 6, 475 － 25, 904, 208 ÷ 8, 292 ＝
15	(96, 815 － 6, 253) × (40, 163 ＋ 3, 248) ＝
16	(79, 453 － 4, 027) × (61, 905 － 1, 376) ＝
17	(829. 036 ＋ 2, 170. 964) × (36, 724 － 850) ＝
18	(1, 062, 790 ＋ 5, 514, 646) ÷ (1, 270 － 7, 968) ＝
19	(563. 124 × 618. 378) ÷ (55. 301 ÷ 0. 948) ＝
20	6, 285 × 7, 013 ＋ 74, 448, 885 ÷ 9, 751 ＝

主催　公益社団法人　全国経理教育協会　　後援　文部科学省

第１回電卓計算能力検定模擬試験

２ 級　見取算問題 （制限時間10分）

採点欄

受験番号

No.	(1)	(2)	(3)	(4)	(5)
1	¥ 824, 096	¥ 6, 375, 021	¥ 4, 168, 052	¥ 379, 054	¥ 3, 981, 426
2	50, 469, 723	7, 103	−543, 906	70, 452, 318	−52, 708
3	1, 075, 839	128, 496	−2, 817	8, 910, 267	15, 802, 473
4	84, 205	5, 306, 728	30, 715, 928	2, 087, 543	67, 253
5	2, 180, 647	92, 483	−36, 124	58, 416	−76, 413, 859
6	19, 457	2, 596, 870	−12, 709, 348	8, 507	−8, 935, 740
7	932, 160	460, 532	−874, 563	61, 803, 925	−24, 916
8	49, 627, 813	742, 019	−91, 735	40, 169	326, 014
9	756, 381	80, 914, 265	−7, 950, 182	971, 286	576, 309
10	3, 418, 679	13, 907	627, 510	5, 294, 830	−179, 284
11	5, 902	35, 867	8, 319, 456	136, 970	4, 210, 685
12	47, 015	31, 869, 754	6, 084, 293	9, 624, 783	9, 048, 137
13	261, 398	97, 654, 180	72, 049	65, 341	20, 753, 861
14	68, 593, 720	4, 081, 695	95, 403, 671	786, 092	−4, 592
15	7, 308, 564	279, 348	238, 465	43, 519, 672	695, 031
計					

No.	(6)	(7)	(8)	(9)	(10)
1	¥ 42, 756	¥ 718, 609	¥ 357, 068	¥ 3, 480, 562	¥ 61, 534
2	−31, 097	4, 857, 361	10, 543, 289	16, 028	39, 458, 762
3	804, 169	64, 972	6, 825	46, 509, 371	723, 058
4	28, 407, 916	1, 320, 465	75, 146	872, 910	5, 170, 964
5	−576, 830	30, 679, 258	2, 361, 790	−9, 031, 785	7, 391
6	15, 384	265, 081	412, 698	−5, 406	92, 187
7	3, 867, 495	1, 524	9, 620, 173	27, 691	47, 806, 523
8	−70, 296, 148	84, 705	216, 304	−189, 742	2, 034, 618
9	−2, 603	72, 145, 396	67, 184, 952	5, 264, 938	329, 850
10	659, 421	593, 812	58, 743	−20, 756, 894	8, 562, 479
11	5, 068, 237	8, 016, 234	8, 947, 315	−43, 659	60, 415, 327
12	−6, 398, 570	32, 948	760, 832	970, 123	293, 145
13	4, 920, 513	491, 037	53, 802, 419	7, 398, 450	84, 901
14	−179, 082	95, 783, 140	94, 507	613, 087	1, 640, 283
15	91, 783, 254	6, 902, 753	4, 039, 251	81, 467, 325	951, 076
計					

主催　公益社団法人　全国経理教育協会　　後援　文部科学省

第１回電卓計算能力検定模擬試験

２級　除算問題　（制限時間10分）

採点欄

（注意）無名数で小数第４位未満の端数が出たとき、名数で円位未満の端数が出たとき、パーセントの小数第２位未満の端数が出たときは四捨五入すること。

受験番号

No.	問題		
1	5,467,144 ÷ 3,469 =	%	%
2	10,453,860 ÷ 1,620 =	%	%
3	8,765,444 ÷ 4,178 =	%	%
4	43,939,014 ÷ 59,217 =	%	%
5	32,472,550 ÷ 8,305 =	%	%
	No.1～No.5　小　計 ①	100 %	
6	3,681.3776 ÷ 7,094 =	%	%
7	0.1707264 ÷ 2.736 =	%	%
8	4.4625 ÷ 0.952 =	%	%
9	0.07840481 ÷ 0.0843 =	%	%
10	54.207697 ÷ 65.81 =	%	%
	No.6～No.10　小　計 ②	100 %	
	（小計 ①＋②）合　計		100 %
11	￥ 33,055,911 ÷ 6,031 =	%	%
12	￥ 51,628,251 ÷ 857 =	%	%
13	￥ 54,681,648 ÷ 5,628 =	%	%
14	￥ 9,824,680 ÷ 7,240 =	%	%
15	￥ 39,227,552 ÷ 4,963 =	%	%
	No.11～No.15　小　計 ③	100 %	
16	￥ 578 ÷ 0.0719 =	%	%
17	￥ 2,688 ÷ 21.504 =	%	%
18	￥ 725 ÷ 0.1482 =	%	%
19	￥ 3,345 ÷ 0.9375 =	%	%
20	￥ 1,040,232 ÷ 389.6 =	%	%
	No.16～No.20　小　計 ④	100 %	
	（小計 ③＋④）合　計		100 %

主催　公益社団法人　全国経理教育協会　　後援　文部科学省

第１回電卓計算能力検定模擬試験

２級　乗算問題　(制限時間10分)

採点欄

(注意) 無名数で小数第４位未満の端数が出たとき、名数で円位未満の端数が出たとき、パーセントの小数第２位未満の端数が出たときは四捨五入すること。

受験番号

No.	問題					
1	75, 960	×	5, 342	=	%	%
2	94, 813	×	6, 870	=	%	%
3	30, 526	×	1, 039	=	%	%
4	23, 457	×	4, 186	=	%	%
5	689, 271	×	957	=	%	%
	No. 1～No. 5　小　計 ①				100 %	
6	1. 7095	×	321. 4	=	%	%
7	0. 46382	×	0. 0591	=	%	%
8	0. 02738	×	876. 3	=	%	%
9	81. 04	×	0. 79625	=	%	%
10	5, 164. 9	×	2. 408	=	%	%
	No. 6～No. 10　小　計 ②				100 %	
	(小計 ① + ②) 合　計					100 %
11	¥　4, 037	×	62, 143	=	%	%
12	¥　79, 283	×	4, 902	=	%	%
13	¥　80, 761	×	5, 867	=	%	%
14	¥　21, 548	×	9, 720	=	%	%
15	¥　15, 906	×	8, 531	=	%	%
	No. 11～No. 15　小　計 ③				100 %	
16	¥　347, 850	×	2. 94	=	%	%
17	¥　93, 125	×	0. 7456	=	%	%
18	¥　76, 392	×	30. 75	=	%	%
19	¥　58, 469	×	0. 0618	=	%	%
20	¥　62, 014	×	0. 1389	=	%	%
	No. 16～No. 20　小　計 ④				100 %	
	(小計 ③ + ④) 合　計					100 %